华西医学大系

解读"华西现象"

讲述华西故事

展示华西成果

非自杀性自伤临床管理新进展

FEIZISHAXING ZISHANG LINCHUANG GUANLI XINJINZHAN

邱昌建　黄雪花　王　旭　主　编

四川科学技术出版社
·成都·

图书在版编目（CIP）数据

非自杀性自伤临床管理新进展 / 邱昌建, 黄雪花,
王旭主编. -- 成都 : 四川科学技术出版社, 2023.3
　　ISBN 978-7-5727-0902-9

　　Ⅰ.①非… Ⅱ.①邱… ②黄… ③王… Ⅲ.①自杀 –
病理心理学 Ⅳ.①B846

中国国家版本馆CIP数据核字(2023)第034356号

非自杀性自伤临床管理新进展

主　　编　邱昌建　黄雪花　王　旭

出 品 人　程佳月
责任编辑　吴晓琳
封面设计　经典记忆
责任出版　欧晓春
出版发行　四川科学技术出版社
地　　址　四川省成都市锦江区三色路238号　邮政编码：610023
成品尺寸　156mm×236mm
印　　张　16.75　字　数　240 千
印　　刷　成都市金雅迪彩色印刷有限公司
版　　次　2023年4月第 1 版
印　　次　2023年4月第 1 次印刷
定　　价　68.00元

ISBN 978-7-5727-0902-9

本书编委会

主　　编　邱昌建　黄雪花　王　旭

副 主 编　殷　莉　黄　霞[1]　李菊花

编　　者（排名不分先后）

　　　　　严　凯　肖青青　卓　瑜　周春芬　夏　倩

　　　　　陈月竹　罗　亚　岳磊于　张秀英　杨　涛

　　　　　张灵敏　宋小珍　孙　瑜　黄　霞[2]

　　本书得到了四川省科技厅项目（2022JDKP0068）、四川省护理科研课题计划项目（H22048）的支持，特此感谢！

---

［1］黄霞，1983 年 10 月 13 日出生。

［2］黄霞，1982 年 1 月 26 日出生。

《华西医学大系》总序

　　由四川大学华西临床医学院/华西医院（简称"华西"）与新华文轩出版传媒股份有限公司（简称"新华文轩"）共同策划、精心打造的《华西医学大系》陆续与读者见面了，这是双方强强联合，共同助力健康中国战略、推动文化大繁荣的重要举措。

　　百年华西，历经120多年的历史与沉淀，华西人在每一个历史时期均辛勤耕耘，全力奉献。改革开放以来，华西励精图治、奋进创新，坚守"关怀、服务"的理念，遵循"厚德精业、求实创新"的院训，为践行中国特色卫生与健康发展道路，全心全意为人民健康服务做出了积极努力和应有贡献，华西也由此成为了全国一流、世界知名的医（学）院。如何继续传承百年华西文化，如何最大化发挥华西优质医疗资源辐射作用？这是处在新时代站位的华西需要积极思考和探索的问题。

　　新华文轩，作为我国首家"A+H"出版传媒企业、中国出版发行业排头兵，一直都以传承弘扬中华文明、引领产业发展为使命，以坚持导向、服务人民为己任。进入新时代后，新华文轩提出了坚持精准出版、精细出版、精品出版的"三精"出版发展思路，全心全意为推动我国文化发展与繁荣做出了积极努力和应有贡献。如何充分发挥新华文轩的出版和渠道优势，不断满足人民日益增长的美好生活需要？这是新华文轩一直以来积极思考和探索的问题。

基于上述思考，四川大学华西临床医学院/华西医院与新华文轩出版传媒股份有限公司于2018年4月18日共同签署了战略合作协议，启动了《华西医学大系》出版项目并将其作为双方战略合作的重要方面和旗舰项目，共同向承担《华西医学大系》出版工作的四川科学技术出版社授予了"华西医学出版中心"铭牌。

人民健康是民族昌盛和国家富强的重要标志，没有全民健康，就没有全面小康，医疗卫生服务直接关系人民身体健康。医学出版是医药卫生事业发展的重要组成部分，不断总结医学经验，向学界、社会推广医学成果，普及医学知识，对我国医疗水平的整体提高、对国民健康素养的整体提升均具有重要的推动作用。华西与新华文轩作为国内有影响力的大型医学健康机构与大型文化传媒企业，深入贯彻落实健康中国战略、文化强国战略，积极开展跨界合作，联合打造《华西医学大系》，展示了双方共同助力健康中国战略的开阔视野、务实精神和坚定信心。

华西之所以能够成就中国医学界的"华西现象"，既在于党政同心、齐抓共管，又在于华西始终注重临床、教学、科研、管理这四个方面协调发展、齐头并进。教学是基础，科研是动力，医疗是中心，管理是保障，四者有机结合，使华西人才辈出，临床医疗水平不断提高，科研水平不断提升，管理方法不断创新，核心竞争力不断增强。

《华西医学大系》将全面系统深入展示华西医院在学术研究、临床诊疗、人才建设、管理创新、科学普及、社会贡献等方面的发展成就；是华西医院长期积累的医学知识产权与保护的重大项目，是华西医院品牌建设、文化建设的重大项目，也是讲好"华西故事"、展示"华西人"风采、弘扬"华西精神"的重大项目。

《华西医学大系》主要包括以下子系列：

①《学术精品系列》：总结华西医（学）院取得的学术成果，学术影响力强；②《临床实用技术系列》：主要介绍临床各方面的适宜技术、新技术等，针对性、指导性强；③《医学科普系列》：聚焦百姓最关心的、最迫切需要的医学科普知识，以百姓喜闻乐见的方式呈现；④《医院管理创新系列》：展示华西医（学）院管理改革创新的系列成果，体现华西"厚德精业、求实创新"的院训，探索华西医院管理创新成果的产权保护，推广华西优秀的管理理念；⑤《精准医疗扶贫系列》：包括华西特色智力扶贫的相关内容，旨在提高贫困地区基层医院的临床诊疗水平；⑥《名医名家系列》：展示华西人的医学成就、贡献和风采，弘扬华西精神；⑦《百年华西系列》：聚焦百年华西历史，书写百年华西故事。

我们将以精益求精的精神和持之以恒的毅力精心打造《华西医学大系》，将华西的医学成果转化为出版成果，向西部、全国乃至海外传播，提升我国医疗资源均衡化水平，造福更多的病人，推动我国全民健康事业向更高的层次迈进。

《华西医学大系》编委会

2018 年 7 月

前　言

　　非自杀性自伤多发生于青少年，是一个令家长、教师，甚至医务人员感到头痛的行为，是一个敏感却不能回避的重要健康问题。非自杀性自伤严重影响青少年身心健康和社会功能。反复自伤不仅造成躯体损伤，还影响青少年的心理健康和人格发展，也严重损害青少年的学业表现和人际关系。2013 年，美国《精神障碍诊断与统计手册（第五版）》（*DSM-5*）将非自杀性自伤定为"需要进一步研究的状况"，足见其影响。非自杀性自伤不仅仅是医疗问题，也是社会公共卫生的重要研究内容。

　　本书从非自杀性自伤的特点、潜在发病机制、评估、治疗和干预等多个维度进行了解析。其中，干预不仅涉及医院干预，还包括家庭干预、学校干预、社区干预。本书从非自杀性自伤相关基础理论到各个层面干预的实际操作，都有所涉及，适合精神心理卫生专业工作者、学校教师、社区工作人员阅读，同时也适合存在非自杀性自伤行为的人群及其家属阅读。

　　本书编委会成员包括长期从事儿童、青少年精神心理工作的精神科医师、心理咨询师/治疗师，以及有丰富的儿童、青少年精神心理问题照护经验的精神科护士。各位编委尽己所能，精益求精，结合文献资料和个人经验编写，反复修改，最终完成本书。我们相信，本书的出版能够促进全社会对非自杀性自伤的关注。本书的不足之处恳请各位同仁、读者批评指正，谢谢！

邱昌建

2022 年 7 月 12 日

目　录

第一章
绪　论

第一节　概　述

　　非自杀性自伤（non-suicidal self-injury，NSSI）是指个体在没有明确死亡意图的情况下反复、直接、故意地破坏自己身体组织或器官的行为，这种行为不被个体所处社会认可。常见的NSSI行为包括切割、烧灼和抓挠皮肤、用头撞墙等。其他形式包括干扰伤口愈合、击打躯体、自我投毒、食用不能吃的食物、把头浸或埋在水中使自己窒息，以及有目的性地参与非娱乐性的高危活动等。但是，被当今社会作为净化心灵、锻炼意志力、维持社会秩序的途径而被广为接受的生活方式或行为，比如佛教的斋戒行为，或意外致残、饮食失调或滥用精神活性物质等行为（如神经性厌食症、自主减肥、吸毒等）造成的间接自我伤害，根据定义则不属于NSSI行为。

　　NSSI行为普遍存在于不同文化体系和经济水平的社会中。十几年来，各国研究学者和社会大众对NSSI给予了极大的关注。在美国《精神障碍诊断与统计手册（第五版）》（*DSM-5*）中，首次提出以症状发生的频率标准来界定NSSI（过去12个月内至少发生过5次NSSI），将NSSI归在"需要进一步研究的状况（conditions for further study）"中。在《疾病和有关健康问题的国际统计分类（第10版）》（*ICD-10*）中，NSSI存在于症状水平，并未定义为独立的症状实体。英国、澳大利亚等国则常使用"故意自伤行为（deliberate self-harm，DSH）"来描述自伤，但前一概念涵盖的范围更加广泛。

现今国内外对于NSSI有各种各样的表述，主要包括：自伤、自残、割腕、自虐、self injurious behavior、intentional self injury、deliberate self-harm、self destructive behavior等。

第二节　相关概念

NSSI是一种与自杀有本质区别的独特实体性概念。有无自杀意图的自伤代表着相同行为的不同意义。为更好地理解NSSI概念，了解自杀、自伤等相关概念也是很有必要的。

一、自杀

自杀是指个体在一系列复杂心理活动作用下，有意或自愿采用各种方式以达到结束自己生命目的的危险行为。同时自杀也是一种复杂的社会现象。自杀行为包括从产生与自杀或死亡相关的意念，到自杀的致命行为完成的整个过程。在这两个极端之间包括自杀企图、自杀威胁、自杀姿态和自杀未遂。

以下是关于自杀概念的部分区分：①自杀意念指关于自杀的想法，这些想法可能包括自杀计划；②自杀企图指为了自杀而采取的但不致命的自伤行为，以达到死亡为目的；③自杀威胁指通过言语表达欲实施自杀行为的想法，无后续自杀行为，例如"你要是不接我出院，我今天晚上就自杀"；④自杀姿态指为了让他人认为自己想要去死的自伤行为，个体无终结生命意图；⑤自杀未遂指出现了自杀意念的人采取了自杀行动，但由于各种原因，未能成功，获得挽救，但可造成伤残后果。

二、自伤

自伤全称为自我伤害（self-harm，SH），这一观点最早是卡尔·门林格尔于1938年在他的著作《人对抗自己》中正式提出。国际上所认可的广义上的自伤定义为所有伤害自己身心健康，直至死亡的行为。《中国精神障碍分类与诊断标准（第3版）》（*CCMD-3*）则将其定义为：有充分证据可以证实系故意采取自我伤害行为，其后果可以导致残疾，但无意造成死亡的结局。该行为可能是受幻觉或妄想影响所致，或处于意识障碍之中，也可能受某些苦行习俗的影响而自伤。如果自伤是表演性障碍、诈病或准自杀的表现，则不属于自我伤害。为了确保个体人身安全，自伤行为伴任何自杀意念则被归为自杀企图，这符合大多数临床医务人员的意愿。

随着近代社会形态的变迁，经济、社会、文化环境的不断变化，青少年及其家人的生活环境不再简单，来自于家庭、学校、社会等各方面的压力与日俱增，青少年自我伤害比率呈上升趋势。举止粗鲁，性格上表现为好胜要强、期望过高、攻击性强的人较一般人更易发生自伤和自杀等过激行为。焦虑型、边缘型、反社会型和偏执型等人格障碍均可增加自我伤害行为的发生率。大多数自伤者在自伤发生之前都有过紧张、焦虑、愤怒、悲伤或者人格解体感，这些体验往往既不能摆脱也不能自控。因此从心理学角度分析，自我伤害行为背后所表达的是一种求助的信息，希望通过这些行为，使其心声得到回应。

第三节 流行病学特点

NSSI是全球高发于青少年的一个重要健康问题。NSSI检出率呈上升趋势，且NSSI对于青少年近期和远期健康均有较严重的影响。在美国，每年青少年NSSI导致的直接医疗资源消耗高达460亿美元；在德国，25%～35%的青少年学生发生过NSSI行为，其中50%需要紧急医疗救治；我国较少有相关研究报道青少年NSSI直接导致的医疗资源消耗的情况，但因NSSI就诊的案例时有报道。发生过NSSI的青少年70%以上曾经或现在有自杀意念，具有NSSI的青少年在随访的一年期间有10.9%至少有过一次自杀未遂。虽然NSSI与自杀未遂有着本质上的区别，但大多数研究表明具有NSSI的青少年具有很高的自杀风险。因此，了解NSSI的流行病学和危险因素是非常重要的。

NSSI在全世界范围内的检出率受评估方法影响而存在差异，例如行为定义方式、使用的评估工具和行为评估地点不同。对NSSI行为定义方式不同，将NSSI行为限定为割伤、烧伤以及擦伤皮肤而忽略服毒、从高处跳下及过量服药等；使用不同的评估工具得出的NSSI检出率也不同，一些评估表列出了NSSI个体可能采取的自伤方式，而另一些评估表则是通过一些开放式问题和行为描述来检测；同时NSSI在临床和社区环境中都很常见，而临床样本中的检出率高于社区（一般人群）。

一、发病年龄

NSSI行为通常开始于12～14岁，高发年龄段在15～16岁。同时，NSSI发病年龄可在12岁之前，但很少发生在5～7岁的儿童中。12岁之前发病可能原因与个体活动行为增加、能接触使用更多的自伤方法以及因心理问题多次医院就诊等有关。

二、一般人群

在社区青少年人群中，检出至少一次NSSI行为的发生率为17%～18%。青少年人群中NSSI的检出率大约是成年人群报告的检出率的3倍。根据近期一项关于非临床样本调查的荟萃分析，10～17岁的青少年NSSI行为检出率为17.20%，18～24岁的成年早期人群NSSI检出率为13.40%，25岁以上的成年人群检出率为5.50%。而在临床样本，即住院精神病患者中，过去一年青少年NSSI的检出率为50%～70%。

三、性别

目前尚不清楚女生NSSI的发生率是否略高于男生，或者两者之间是否具有可比性。国外多项NSSI性别差异的研究得出的结果不同。一项对120个临床和社区研究（$n>245\,000$）的荟萃分析发现，女生NSSI的发生率略高于男生。临床样本和NSSI的特定方法的差异最为显著（例如，女生报告的切割行为多于男生）。另一项对119个社区研究的荟萃分析（$n>231\,000$）发现，女生和男生的NSSI流行率相当。

男、女生的NSSI检出率不同可能与以下原因有关：①男、女生的生理构造和分泌的激素不同，遇到相同应激的反应也不同；②男、女生的思维和感知觉不同，男生偏理性，女生偏感性；③男、女生的应对方式有差异，男生遇事时较少表露出来，常压抑自己或通过各种方式发泄，而女生遇到困难后善于与人沟通；④可能与不同性别学生家庭教养方式的差异有关，教师和家长对男生的惩罚更加严厉，男生背负着更多的家庭希望，承载更多心理压力，男生性格又比较强烈刚硬，更易采取自我伤害等极端行为发泄心理压力。

在NSSI行为形式方面，男女差异最明显的证据是血的出现，女生更喜欢出血的自伤方式，而男生更喜欢不出血的方式。女生较多采用切割皮肤、拔毛、掐捏自己以及妨碍伤口愈合的方式。而男生倾向于采用更加暴力的方式，如用力击打身体、用手反复击打硬物、用烟头烧灼前臂、用利器刺穿身体、猛撞头部。男生的自伤方式会对身体造成更严重的后果，这可能就是男生自伤前会花费更多的时间去思考的原因之一。采取更暴力的自伤方式可能与男性青春期体内睾酮水平增高有关。

四、种族与国家、地域

目前尚不清楚NSSI的发生率是否因种族和民族而异。青少年NSSI行为在全球普遍存在，且检出率逐年增长。不同国家NSSI的检出率也各不相同，在英国的苏格兰NSSI的检出率为13.8%，美国和新西兰的检出率分别为15.3%和24.0%，而德国检出率仅有3.1%。我国不同地区青少年存在不同程度的自伤行为，并且检出率也在逐渐升高。农村中学生的NSSI检出率高于城市中学生，中、西部地区高于东部和东北部地区，可能是因为城市化进程和社会变迁过程中，农村和中、西部经济比较落后地区的外出务工人员较多，使得留守儿童所占比例也较大，加之父母与孩子相处的时间较少，文化和教育水平有限，均不利于青少年心理健康的培养与提高。

五、性少数群体

与认定为异性恋的青少年相比，在质疑自己的性取向或认定为男同性恋、女同性恋或双性恋的青少年中，NSSI的检出率更高。性少数青少年NSSI的可能性是异性恋青少年的6倍；与异性恋青少年相比，性少数青少年在过去一年中重复（≥10次）NSSI的检出率更高，双性恋青少年NSSI检出率为24%、男同性恋或女同性恋检出率为16%、质疑性取向检出率为9%、异性恋检出率为3%。原因可能是虽然在全球部分地区同性恋已经合法并被当地人认可，但是在大多数地区同性恋仍未得到认可，这部分人群将承受更多社会道德和舆论的压力。

六、青少年非自杀性自伤的危险因素

NSSI行为并不是某一个单一因素所能导致的，而是性格、情绪调节障碍、早期创伤经历、家庭教养方式、不良生活事件、同伴关系及学校环境等后天因素和与遗传有关的神经生物学因素综合作用的结果。与NSSI行为相关的因素主要有个体心理因素、环境因素和神经生物学因素三个方面。

1.个体心理因素

（1）人格：NSSI者具有较高的神经性及开放性，较低的宜人性及尽责性。早期具有抑郁、自卑、攻击、冲动等性格特征的青少年更易发生NSSI。

（2）情绪因素：NSSI者面对负性事件缺乏适应性的情绪调节策略。与NSSI相关的情绪变量主要有：高情绪强度、情绪表达不能、情绪调节困难。情绪调节困难、情绪表达不能与NSSI相关，能有效地预测NSSI。

2.环境因素

（1）家庭、学校环境和社会环境：家庭、学校环境和社会环境对个体NSSI的产生均有影响，其中家庭环境起主导作用。童年期性虐待和躯体虐待、童年期忽视、父母过度的批评或冷漠会导致青少年的NSSI行为。社会环境中压力性生活事件与青少年NSSI密切相关，自尊在当中起到了中介缓和作用，自尊水平较高的儿童，压力性生活事件对NSSI产生的负面影响较弱。自尊和自我效能感能有效预测NSSI的发生。青少年的网络成瘾也被证实与NSSI有关，认为青少年NSSI和网络成瘾之间是因果关系，而且青少年在生活中所承受的压力程度越大，越容易依赖网络的各种功能去释放压力，进而也增加了网络成瘾的发生率。

（2）父母教养方式：NSSI和教养行为之间存在相关性。NSSI往往伴随着不正常的家庭关系，家庭内部问题也会触发NSSI。在家庭成员上，母亲有较高的抑郁、压力、焦虑特征，对子女较低的满意度或父母关怀与支持差的青少年更易发生NSSI。同时有NSSI行为的青少年感知到较高的来自父母的心理和行为控制。正确的家庭教养方式使个体形成成熟的人格，在面对生活挫折或其他负性事件时能够以正性方式应对。而在极端的父母教养方式家庭中成长的个体不能合理调节自己的情绪，面对负性情绪无法应对时会采取极端的方式（如NSSI）来回避。

（3）不良生活事件：不良生活事件是NSSI的一种应激源，事件数目的多少将影响NSSI的严重程度，在NSSI的发生发展中扮演了一个重要的角色。欺凌现象也是青少年主要的创伤经历，被证实是青少年NSSI行为的重要成因，被欺凌者的发生率是未被欺凌者的2.1倍，且年龄越小的受欺凌者NSSI越多。具有被欺凌经历的人可能会以NSSI行为作为求助、自我惩罚或者释放压力的一种方式。欺凌者因罪恶感会产生自伤行为，同时部分被欺凌者会产生报复心理，角色又会转变为欺凌者，形成双重身份的自伤—伤害恶性循环。

（4）同伴关系：同伴关系对青少年的认知、情绪、人格发展起着重要作用，对青少年的影响甚至会超过父母。不良的同伴关系会导致青少年心理健康问题。NSSI行为与被同伴孤立、欺负等有关。NSSI行为可以缓解不良同伴关系带来的负面情绪，而有些青少年实施NSSI是为了达到调节人际关系和控制他人的目的。同时同伴群体的影响如同伴群体的冲动氛围对NSSI有直接作用。有一个自残的同伴朋友是青少年NSSI的重要风险因素。

（5）个体心理因素：目前NSSI的青少年大多数存在共病其他精神疾病的情况，例如边缘性人格障碍（borderline personality disorder，BPD）、情绪调节障碍、述情障碍、抑郁症、神经性贪食症等，可能由于这些疾病存在共同的生理病理机制或共同的危险因素。曾经NSSI是作为BPD的一项诊断指标，但在*DSM-5*中，"NSSIID"已被建议作为可能的独立诊断实体（NSSID）。所以NSSI与BPD之间具有高度相关性，可能与BPD的情感和人际关系不稳定性有关。情绪调节困难也被认为是NSSI的核心组成部分之一，表现出较高情绪调节困难水平的青少年也具有较高的NSSI行为频率和更大的NSSI行为类型多样性。青少年借自伤行为来缓解焦虑、抑郁、愤怒等不良情绪和沟通痛苦。当个体患有情绪调节障碍或述情障碍时，突发激烈情绪，可能会使情绪调节失代偿，从而出现消极、冲动以及自我伤害行为。

3.神经生物学因素

与NSSI有关的神经生物学因素有内源性阿片肽、多巴胺、5-羟色胺（5-HT）、下丘脑—垂体—肾上腺轴等。内源性阿片肽和单胺类神经递质在NSSI中发挥重要作用。与没有NSSI史的青少年相比，NSSI青少年的脑脊液中 β-内啡肽、脑啡肽水平明显降低。内源性阿片肽和自伤者的病理性的无痛感体验相关。无痛感体验的NSSI者较有痛感体验的NSSI者有较高的抑郁、焦虑、愤怒、混乱、分离体验。青少年NSSI者有更高的痛阈和疼痛耐力，这可能是因为青少年在面对压力事件时倾向采取自我批判性思维从而增加了NSSI和疼痛镇痛的可能性或者与脑脊髓液中的 β-内啡肽和蛋氨酸—脑啡肽水平降低有关。功能性磁共振显示，NSSI史青少年有限的内部情绪意识或外部定向思维（EOT）与右上缘脑回和右下额叶脑回群中隐藏情绪面孔的差异反应有关。具有较高 EOT 水平的青少年可能对微妙的、积极的、有价值的情绪暗示不太敏感。这为NSSI青少年大脑发育中的情绪调节缺陷提供了证据。

总之，NSSI行为并不是某一个单一因素的作用，尚不清楚哪些因素对NSSI行为的发生起主导作用。在预测NSSI方面，影响较大的风险因素包括：①NSSI的既往史；②B组人格障碍：边缘型、表演型、自恋型或反社会型人格障碍；③绝望情绪。其他风险因素包括：①精神病史或父母精神病史（如抑郁症）；② 睡眠问题；③饮食失调；④情绪问题（例如，情绪低落、社交退缩和消极归因方式）；⑤行为问题（例如，攻击性、不良行为和物质使用）；⑥先前的自杀念头或行为；⑦儿童期虐待史；⑧其他负面生活事件或压力源，包括欺凌和同伴受害；⑨家庭功能受损；⑩暴露于同伴NSSI。然而，其中许多风险因素与多种类型的不良行为有关，并非NSSI所独有。

第四节　诊断及鉴别诊断

一、诊断

　　NSSI是在没有自杀意图下，故意伤害自己的行为，主要表现为反复造成浅表但痛苦的躯体表面的损伤。患者在自伤行为之前可能存在失控的愤怒、紧张、焦虑、烦躁或人格解体的心理体验，为了减少负性情绪，多用刀、针或其他锋利物品割伤或刺伤自己，其他自伤方式还包括撕咬、敲打等，其中最常见损伤部位是大腿前部和前臂背侧。有研究表明女性更多见，但无明确证据。以上NSSI的基本特征有利于我们诊断，由于在*ICD–11*中将NSSI列为精神或行为的症状、体征或临床所见，缺乏明确的诊断要点，所以本节主要介绍*DSM–5* NSSI诊断标准的要点。

　　1.诊断要点
　　（1）在过去一年内，有5天或更多时间，该个体从事对躯体表面可能诱发出血、瘀伤或疼痛（例如：切割伤、烧伤、灼伤、刺伤、击打、过度摩擦）的故意自我伤害，预期这些伤害只能导致轻度或中度的躯体损伤（即没有自杀观念）。
　　（2）个体从事自我伤害行为有下述预期中的1种或更多：①从负性的感觉或认知状态中获得缓解；②解决人际困难；③诱发正性的感觉状态。
　　（3）这些故意的自我伤害与下述至少1种情况有关：①在自我伤害行动不久前出现人际困难或负性的感觉或想法（例如：抑郁、焦虑、紧张、愤怒、广泛的痛苦或自责）；②在从事该行动之前，有一段时间沉湎于难以控制的故意行为；③频繁地想自我伤害，即使在没有采取行动时。

（4）该行为不被社会所认可（例如：体环、纹身），要排除揭痂症或咬指甲。

（5）该行为或其结果引起有临床意义的痛苦，或妨碍人际、学业或其他重要功能。

（6）该行为出现在精神病性发作、谵妄、物质中毒或物质戒断时。在有神经发育障碍的个体中，该行为不能是重复刻板行为的一部分。该行为不能更好地用其他精神障碍和躯体疾病来解释。

但随着对NSSI研究的发展，学者发现*DSM-5*的部分诊断要点有过时或缺乏准确度的地方：有研究认为在标准（1）中，5天的界限模糊，该界限难以区别NSSI的临床与亚临床人群，也没有明确的频率阈值与自伤严重性的界定。标准（2）和标准（3）都是衡量NSSI之前参与其中的情感或认知的原因，但在（2）中的动机可由共病的不同、生活习俗及种族文化的不同产生差异，同时对一些其他动机例如自我惩罚、应对自杀想法等有所忽略。对于诊断标准（6），我们需要注意的是，并不是意味着任何有精神病病史的患者都应该自动排除NSSI诊断，例如处于缓解期的精神分裂病人，符合*DSM-5*的其他标准，NSSI的诊断是可靠的。

*DSM-5*在2013年将NSSI列为需要进一步研究的状况，并首次建议将其列为一项单独的疾病。由于NSSI和其他疾病，例如：BPD、情绪障碍、焦虑障碍、精神分裂症及自杀等共病的情况多见，如何区别值得进一步关注。

2. 评估工具

对于NSSI的各项特征，如自残方式、自残频率、发病年龄、是否合并BPD、自杀倾向、情绪调节能力与适应程度、消极生活事件和创伤经历等，有利于与其他疾病鉴别，并作为诊断患病严重程度的指标。

这些指标的主流的评估工具包括：

（1）非自杀性自伤障碍指数临床评估（CANDI）：作为一种半结构化的临床访谈，最初为评估成年人开发，随着研究进行，验证了其在青少年的临床样本中运用的可行性，每个标准用"是/否"进行评估。

（2）自伤陈述量表（ISAS）：分为两个部分，第一部分评估NSSI行为的频率、初发年龄、疼痛体验、他人是否在场、是否抵制自伤行为等内容。对具有NSSI行为的个体则进行量表第二部分的评估，包括情绪管理在内的13种潜在的NSSI行为功能。

（3）蓄意自伤量表（DSHI）：广泛用于大学生和高中生的研究，以及一些成人BPD的临床研究。该量表可以在大约5分钟内完成，它可以有效地检测自我伤害，并获得自我伤害行为的主要特征的一般评估。

（4）自残功能性评估问卷（FASM）：评定内容包括自伤方式、频率和功能以及是否接受过治疗等内容。其评定选项采用4级评分从"从不"到"经常"。

（5）渥太华自我伤害调查表（OSI）：由一系列相互独立的评定自伤行为意图和频率、最初和持续实施自伤行为的动机以及成瘾和其他NSSI行为特征分量表组成。对其进行因子分析，可得到内在情绪管理、社会影响、外在情绪管理、寻求刺激和成瘾特征5个因子。

但这些评估量表中关于自伤事件的发生频率、发生环境、自我感觉及可控性等的标准不同，缺乏统一性，从而导致得到的结果有较大差异，故对于不同情况，应该运用哪种量表，应该充分考虑其优势和局限性。

二、鉴别诊断

1. 边缘性人格障碍

以前对于NSSI的研究主要与BPD相联系，但随着研究深入发现，超过80%的患有NSSI青少年并没有满足BPD的诊断标准，在2013年，*DSM-5*首次将NSSI障碍（NSSI-D）与BPD分开。另一方面，青春期的NSSI被认为是BPD的关键先兆，甚至是BPD的指标，尤其是当存在重复且持久的NSSI时，而NSSI的严重程度（即较早的发病年龄和较长的行为持续时间）是导致后期BPD的危险因素，故二者明显不同，又密切联系。有研究表明，NSSI与BPD有相似的功能障碍水平，包括自杀性指数，但与NSSI患者相比，BPD患者可能更多有被虐待经历、忽视经历，也有更多"不稳定"，包括人际关系、自我形象及情绪的不稳定，对被遗弃、分离、环境变化非常敏感，控制能力差，在人际关系中可能从极端理想到极端贬低之间变化，心境反应明显，导致情感的不稳定，有不适当的强烈愤怒，或难以控制愤怒，并且在情绪的高度唤起时出现短暂的分离性症状或精神病样特征。

2. 自杀行为

曾经认为NSSI是弱化的自杀的形式，但如今可以明确的是二者是独立的两种行为，二者可以分开、交替或同时发生。一方面自杀行为与NSSI有很多相似性，都常与情绪障碍、焦虑障碍等共病。有研究表明，NSSI与自杀有着相同的诱发因素，值得注意的是二者的程度与范围有明显的差别，例如对于试图自杀的患者，其抑郁、焦虑程度更高。NSSI可能是未来自杀企图的危险因素，但是有NSSI并不意味着未来一定会发生自杀行为，如果患者在生活环境中遇到的负性事件难以消除并持续存在，可能会导致自杀行为。本质上，自杀与NSSI在意图、致死性、长期性、方法、认知、反应、后果、流行性及人口学数据等多方面不同，NSSI患者更年轻，女性患者更多。我们可以认为，NSSI是代表了一种不适应的应对机制来调节压倒性的情绪，但自杀企图反映了一种逃避和结束生命的愿望。在临床上，从本质上的不同与现象上的差异来辨别二者十分重要。

3. 拔毛癖、揭痂症

拔毛癖，表现为一种反复出现的、无法克制的拔掉毛发的冲动；

揭痂症通常表现为患者在自己脸上、手臂和手上或在粉刺、痂、老茧上进行摩擦、挤压、扎、咬等。虽然拔毛或揭痂等行为有时在NSSI的评估行为里面，但DSM-5中明确规定为出血或瘀伤，而更轻微或更具规范性的行为如咬嘴唇、咬指甲以及这里的拔毛和揭痂并不认为是NSSI。拔毛癖、揭痂症属于强迫谱系障碍，二者与NSSI最本质的一个区别是前者并不是以自我伤害为目的，而是由患者的难以控制的强迫冲动引起的。此外，揭痂症症状与NSSI还有以下不同：第一，揭痂症患者常常一天中会花好几个小时伤害自己的皮肤，而NSSI的伤害行为是短暂的，可能只持续几十秒；第二，虽然压力性事件和负性情绪都会使伤害皮肤行为加重，但NSSI行为与负性事件和情绪相关性更明显，而揭痂症即使在相对放松的情况下，撕皮或揭痂的情况也会存在；第三，病程转归不同，NSSI通常在青少年时期出现，可能随着年龄的增大，会在几年内自发痊愈；而揭痂症通常会持续几十年。

4. 刻板性自我伤害

刻板性运动障碍首多见于神经发育障碍、孤独症，常起病于3岁之内，表现为反复撞头、摇晃身体、啃咬和击打身体部位，是行为重复的、刻板的、明显无目的（通常是有节奏的）的自主运动。目前，关于刻板性运动的机制还不明确，可能与潜在的神经发育问题有关，也有可能是患儿用以降低焦虑水平的方式。

5. 强迫症

强迫症是一种以反复出现的强迫观念或（和）强迫行为等为主的精神障碍。对于强迫症患者而言，反复闯入患者意识的持续存在的思想观念或冲动意向没有现实意义、违反个人意愿，患者想要忽略、压抑或对抗但却无法摆脱而苦恼、焦虑，进而为了阻止或降低强迫观念所致焦虑和痛苦，患者会做出一些行为或仪式化动作，这种行为也被患者认为是无意义的，在反复试图抵抗时加重焦虑，有的患者的强迫性行为可能导致躯体损伤，例如强迫洗手的患者常常损伤双手皮肤角质，但是需要注意的是这些行为主要是为了缓解强迫思维带来的焦虑，而NSSI患者的自伤行为是有意识、有预谋的，以伤害自己为目的的。此外，强迫症患者的强迫症状每天必须出现1小时以上，而NSSI多是短暂的，持续时间短；有的强迫症患者会出现回避行为，回避会诱发强迫思维或强迫行为的人、地点及事物，NSSI患者没有出现明显的回避行为。

6. 抽动障碍

抽动障碍中的少部分抽动秽语综合征（tourette syndrome，TS）患者会出现无法克制、严重、反复性自伤行为，表现为患儿自己咬伤自己或自己打自己、用头撞坚硬的物体、抓破皮肤、烫伤自己、砍伤自己等。目前，关于TS伴发自伤行为的机制尚不清楚，可能是由于抽动障碍所伴发的情绪障碍和强迫冲动行为引起。

第二章
非自杀性自伤的发生机制

第一节　生理机制

一、概述

　　既往认为，NSSI行为通常出现在患有精神障碍的个体身上。但近年来，由于人们对这一现象的深入研究，越来越多的社会调查表明，在非临床人群中也出现了NSSI的情况，尤其是青少年群体。NSSI行为在青少年和社区群体中有较高的发生率，且和严重的精神心理疾病密切相关，包括焦虑症、抑郁症、BPD等。

　　2013年，NSSI被列入*DSM-5*中，说明NSSI已成为国际性的重大公共卫生问题之一。该手册将NSSI作为一个"需要进一步研究的状况"，指出进一步研究NSSI的重要性与必要性，呼吁研究者积极探索NSSI的病因、发病机制、诊断、治疗及预后。将NSSI作为一个专有名词使用意味着精神医学领域认识到其独特性，并开始独立地去研究这一现象。就目前研究而言，NSSI的发生机制尚不明确，但随着现代医学技术的飞速发展，国内外学者依据逐渐成熟的分子生物学技术、基因影像技术、功能性磁共振成像、脑电图、事件相关电位等技术与方法，从不同程度上揭示了NSSI发生、发展的遗传学、神经生物学、神经内分泌、免疫炎症作用等机制。

二、生理机制

（一）遗传学机制

自伤是遗传和环境共同作用的结果。目前关于人类自伤行为的研究已深入到基因及神经系统层面，探索基因如何通过影响大脑的结构与功能，从而导致自伤行为的产生。就NSSI的遗传学研究水平而言，尚处于起步阶段，但随着分子生物学、基因影像学等技术的进步，人们正从基因—行为，基因—脑—行为，基因—环境等视角逐渐揭示其遗传学机制。

1.基因—行为视角下导致NSSI发生的机制

现代遗传学家一般认为，基因是脱氧核糖核酸（DNA）分子上具有遗传效应的特定核苷酸序列的总称，是具有遗传效应的DNA分子片段。基因位于染色体上，且在染色体上呈线性排列。基因不仅可以通过复制把遗传信息传递给下一代，还可以使遗传信息得到表达。人类基因数量庞大，目前很难找出与自伤行为直接相关的特定基因，加之基因并不直接编码行为，因而遗传效应不一定能在行为水平上有所体现。虽然研究难度教大，但通过科学严谨的临床试验及动物实验，NSSI行为发生的相关基因正逐渐被破解，已知的基因包括5-HT转运体基因、5-HT1B受体基因、5-HT2A受体基因、5-HT2C受体基因、色氨酸羟化酶（TPH）基因、儿茶酚氧位甲基转移酶（COMT）基因。研究发现，5-HT水平介导了消极情绪和冲突行为，可以解释自伤行为的64%的变异，但是5-HT转运体基因、5-HT1B受体基因、5-HT2A受体基因、5-HT2C受体基因与NSSI发生的直接关联并不明显，特别是5-HTR1B基因rs6296多态性位点，以及5-HTT基因rs1042173、rs140701和rs20667134多态性位点并不会直接影响NSSI的发生。另外，研究人员还表明TPH基因的等位变异是NSSI的主要风险因素，而单胺氧化酶A基因位点与NSSI的产生并不关联。在情感障碍患者中，COMT基因的rs737865、rs6269、rs4633多态性位点与NSSI行为产生有关。对有自伤行为的小鼠进行实验发现，多巴胺D_1受体拮抗剂SCH23390和多巴胺D_2受体拮抗剂氟哌啶醇能够通过抑制小鼠大脑奖赏系统减少其自伤行为产生。可以看出，目前研究找到了一些可能影响NSSI行为发生的特定基因，这些基因由于直接影响大脑中与情绪调节或认知调节功能相关的神经回路，进而影响了个体在负性条件下的情绪产生、识别与调节等功能，从而增加了自伤行为出现的可能性。但是目前的基因研究结果仍存在可重复性低、遗传解释度小、结果结论不尽一致的问题，未来研究应继续探讨基因—基因、基因—行为的关联机制。

2.基因—脑—行为视角下导致NSSI发生的机制

随着NSSI遗传学研究的进展，人们发现单从基因—行为角度，也就是一首一尾去研究NSSI行为，仍不足以解释中间的介导机制。Schroeder等于2001年便提出应采用"基因—脑—行为"的架构进行研究设计，他们认为基因变异会使某些特定神经结构的发展产生遗传差异性，这些差异会影响神经元的信息传递，导致相应脑区出现结构或功能异常，进而导致行为异常。于是，后来学者们引入了神经生物学上的稳定特质，作为从基因到自伤行为之间的中介桥梁。这一桥梁的引入使得基因—行为框架下自伤研究所面临的问题得到了有效解决。一方面，由于基因主要通过调节大脑中的神经递质系统来影响自伤行为，所以参与调节神经系统的基因便成为主要的关注目标，大大缩小了自伤行为候选基因的研究范畴。另一方面，相较于行为表现，这些受到基因调控的神经结构或功能具有更加直观的遗传基础，而相较于基因其又具有更高的灵敏度，这为深入阐释自伤行为的发生机制提供了一条更加有效的解释途径。此外，脑源性神经营养因子（brain-derived neurotrophic factor，BDNF）在神经系统的可塑性方面起着重要作用，BDNF由BDNF基因编码，BDNF基因中的一个功能性位点变异（rs6265）导致第66位密码子编码的缬氨酸（valine，Val）置换为蛋氨酸（methionine，Met），与Val相比，Met等位基因会导致中枢神经系统BDNF活性降低，通过影响海马体积大小及杏仁核功能活动，使多种认知任务相关的神经可塑性降低，导致自伤行为发生。

3.基因—环境视角下导致NSSI发生的机制

近年来，人们从基因与环境的交互作用视角开始探究NSSI的发生机制。如BDNF Val66Met基因多态性与情感虐待与NSSI的发生存在相互影响，在携带两个Val等位基因的个体中，情感虐待显著预测NSSI的发生，但是这一关联未在携带Met等位基因的个体中发现。此外，5-HTTLPR与慢性人际压力对NSSI的发生同样具有交互影响，携带短等位基因（S）的青少年在经历严重的人际压力时更容易出现NSSI行为。与此同时，也有研究者提出从基因与环境的关联作用出发，即个体所生存的周遭环境与遗传基因相互作用，进而影响个体心理和行为。然而，目前尚无实证研究从此视角探讨NSSI的遗传学机制。不过，单纯地关注基因如何与环境相互作用仍有其局限性，尚不能很好地解释基因—环境与自伤行为之间的关联机制，并且，环境对基因层次上的改变也出现较慢。有条件的研究团队，可将环境因素纳入考虑，从"基因—环境—脑—行为"框架出发，深入探讨在基因与环境的相互作用下，如何通过脑对人类行为产生影响，进一步揭示NSSI的遗传学机制。

4.未来的研究方向

NSSI的遗传学研究虽然取得了一定进展，但仍亟需深入挖掘其内在发生机制，建议未来研究可从以下几点出发：其一，当前识别出来的NSSI遗传易感性基因数量较少，亟需进一步识别其他重要的候选遗传易感性基因。其二，单个遗传易感性位点对NSSI的影响是有限的，因此，需要从基因—基因交互作用、基因—环境的相互作用，多基因—多环境的交互作用，以及基因—环境—脑—行为的多重视角探究NSSI的行为遗传学机制。其三，目前研究主要集中于探讨负性环境下，携带遗传易感性基因的青少年自伤的发生情况，未来研究可陆续开展积极环境下的自伤行为发展研究，以探讨良好的环境是否会对这些易感人群产生正向结果，同时加强干预研究，重视探讨在给予积极环境的条件下，自伤患者能否趋向于减少甚至终止自伤行为。

（二）神经生物学机制

近年来，神经系统领域影像学技术飞速发展，能有效反映个体脑功能的改变，为探索NSSI发生机制提供了重要的生物学证据，多项研究已证实青少年NSSI个体存在脑结构和功能活动异常，主要有以下6种机制可能介导了NSSI行为的发生，包括：动机机制、疼痛感知机制、自我信息加工机制、情绪调节机制、大脑皮质结构变化机制、脑区连接机制。

1. NSSI的动机机制

动机是激发和维持个体的行动，并将使行动导向某一目标的心理倾向或内部驱力，反映着个体与环境的相互作用方式，是人类趋利避害，适应环境的核心机制。依据引起动机的原因，可分为内在动机和外在动机。前者由个体自身的内部动因（如激素、中枢神经的唤起状态、理想、愿望等）所致；后者则由个体的外部诱因（如异性、食物、金钱、奖惩等）所致。从内部动因出发，依据"接近—回避—调节"的动机三模型，接近系统与腹侧纹状体有关，回避系统由杏仁核控制，而调节系统由前额叶皮质控制，根据相应脑区的激活与异常，一定程度上可以解释NSSI行为的发生。

（1）NSSI的接近动机机制/神经奖赏回路机制：接近动机系统与左侧额叶皮质激活关联，当接近系统过度活动或减少活动，个体就会表现出相应的情绪与行为障碍。研究表明大脑右侧伏隔核、左上内侧额叶皮质之间的连接性降低与NSSI行为的减少有关，有NSSI想法的青少年对金钱奖赏表现出双侧壳核的激活加强。采用事件相关电位技术监测有NSSI史的个体对奖赏的初始反应，相较于无NSSI史者对奖赏刺激表现出更多的消极反馈负波。

（2）NSSI的回避动机机制：回避动机系统与右侧额叶和杏仁核激活有关，当个体的回避动机系统出现异常时，对消极刺激的防御减弱，导致自身无法逃离或者纠正当前消极应激源。杏仁核附着在海马的末端，呈杏仁状，是边缘系统的组成之一，也是产生、识别和调节情绪，控制学习和记忆的脑部组织。在情绪处理，特别是恐惧情绪的处理中具有重要作用，属于"恐惧相关脑网络"中的核心节点位置。杏仁核主要参与了恐惧性条件化的建立、恐惧信息的表达以及恐惧性事件信息的存贮过程。当前臂出现伤口时，有NSSI史的BPD青少年杏仁核的活动强度更低，其大脑无法及时处理恐惧信息，导致情绪表达不畅，也即通过自伤行为来释放负面情绪。此外，内侧杏仁核腹后区以通路特异的方式调控"趋向"与"回避"两种相反的行为，内侧杏仁核腹后区—多巴胺D$_1$受体通过向终纹床核发出抑制性投射，促进探索行为，通过向腹内侧下丘脑发出兴奋性投射，促进躲避行为，但这种行为调节模式类是否能介导NSSI行为的发生还有待商榷。

（3）NSSI的调节动机机制：调节动机是指个体如何对情境中的信息以及情境所引发的价值、信念、标准、目标和情绪状态进行编码和建构。动机的高低将直接影响个体进行行为调节的主动性。有NSSI史青少年在经历社交拒绝或社交失败时，内侧前额叶和腹外侧前额叶这两个脑区活动增强，背内侧前额叶、后扣带、膝下前扣带回的活动也出现异常，说明青少年的调节动机中枢失调，进而导致行为异常。

2. NSSI的疼痛感知机制

疼痛是一种主观而复杂的感受。疼痛知觉经常使用疼痛阈限和疼痛忍耐性作为衡量个体疼痛敏感度的指标。疼痛阈限是指个体主观感受到疼痛刺激带来疼痛感的时刻点，疼痛忍耐性是指个体感到疼痛不能忍受，需要停止疼痛刺激的时刻点。这就表明，疼痛忍受性受疼痛阈限影响。疼痛忍耐力用来代表个体愿意持续暴露在疼痛刺激下的时间，通过疼痛忍耐性减去痛觉阈限得到的时间作为指标。在做出自伤行为时，个体一定会体验到随之而产生的疼痛感。许多对自伤者疼痛进行研究的学者有个一致的发现，自伤者对疼痛的知觉与正常人相比有区别，即自伤者对疼痛有更高的痛觉阈限和忍耐力。同时研究还发现，自伤过程产生的疼痛现象可能导致大脑边缘系统与前额叶之间的相互抑制作用增强，前者是情绪加工相关的功能区域，后者是负性情绪管理相关的功能区域，所以自伤产生的疼痛反而缓解了个体的负性情绪。进一步来看，当疼痛刺激传入中枢系统后，大脑感知和识别需要经过整合及分析，中央回负责感知疼痛部位，网状结构、大脑边缘系统、额叶、顶叶、颞叶等广泛大脑皮质负责综合分析，并对疼痛产生情绪反应，发出反射性或意识性运动。关于NSSI的疼痛感知机制，可能与个体疼痛感觉阈限相关。如接受不愉快的电刺激，与疼痛感知相关的脑岛后侧明显被激活；如给予被试冷刺激时，可分别激活海马旁回、额下回和杏仁核等与多巴胺系统有关的脑区，以及与内源性阿片系统有关的脑区。内源性阿片系统调节疼痛和成瘾行为，故内源性阿片肽被认为是介导NSSI的候选神经递质之一。此外，NSSI人群中脑脊液β-内啡肽和蛋氨酸脑啡肽浓度比非NSSI人群更低，这两种神经递质也可能介导了自伤行为的发生。

3. NSSI的自我信息加工机制

有NSSI史的抑郁青少年前、后侧大脑皮质中线结构会被过度激活，此区域激活与感知、自我评价等相关的自我信息加工过程密切相关，当他们从不同角色处获得评价时，表现出不同脑区的激活。接受母亲评价时，青少年的杏仁核、海马、海马旁回出现更高水平的激活；接受同学评价时，青少年楔前叶和后扣带回出现更高水平的激活。抑郁个体由于在早年形成的负性自我认知结构在他们的潜意识里发挥着重要的作用，以至于当他们在加工自我相关信息时，不再需要经过意识的严格考察，就会轻易地采取消极的方式来评价和解释这些信息，容易出现自伤行为。

4. NSSI的情绪调节机制

一般而言，杏仁核激活是情绪体验的指标，内侧前额叶皮质激活是检索自我相关信息，而扣带回皮质激活是检索自传体回忆，这些脑区激活程度异常增加提示个体存在自我情绪体验和调节异常。研究发现，有过自伤的青少年无论观看负性还是中性图片，杏仁核都呈现出过度激活状态，而看到引起强烈情绪波动的图片时，杏仁核、海马和前扣带回被明显激活，但背外侧前额叶皮质激活却明显减少，这些反应显示出青少年自伤时存在情绪调节功能缺陷，进而导致了冲动行为增加。此外，BPD个体在实施自伤行为后杏仁核激活减少，额上回功能连接趋于正常化，这表明边缘系统相关脑区异常激活模式可能会导致情绪调节减弱、冲动控制降低，从而诱发NSSI行为的产生，但在实施NSSI行为后患者的情绪得到缓解，相关脑区功能可能得以正常化。一项采用心理治疗改善NSSI行为的研究发现，存在自伤行为的青少年杏仁核—前额叶连接水平较正常人群更低，在经过16周心理治疗后，杏仁核—前额叶相关功能得到增强，说明情绪相关杏仁核和前额叶的连接水平增强可以有效改善NSSI行为。言而总之，边缘系统中杏仁核和扣带回是情绪网络的两个关键点，而背外侧前额叶皮质则属于执行控制网络，情绪网络及执行控制网络涉及情绪的感知加工及抑制能力，上述情绪管理脑区激活异常可能导致情绪网络及执行控制网络异常，影响个体情绪感受及调节能力，进而导致NSSI行为。

5. NSSI的大脑皮质结构变化机制

大脑皮质又称大脑皮层、大脑灰质，它是神经元细胞体密集的部位，色泽灰暗，平均厚度为2~3毫米。大脑皮质主要分为脊髓灰质、脑干灰质、大脑皮质灰质三个区域。大脑皮质是信息处理的中心，能对外界的各种刺激做出反应，因此，大脑皮质是人类思维活动的物质基础，又是调节机体所有机能的最高中枢。目前大脑皮质体积是探讨大脑结构特点的指标之一，其他反映大脑结构特点的指标还包括皮质表面积、皮质厚度等。大脑白质，是大脑内部神经纤维聚集的区域，由于比细胞体聚集的大脑表层颜色浅，故名脑白质。脑白质受损说明大脑半球内部及之间的连接性下降，大脑连接性的紊乱会影响大脑对需要神经网络或系统协同任务的执行，从而影响认知功能。研究者们从大脑皮质体积变化、脑白质纤维结构连接等角度开始挖掘NSSI发生的神经生物机制，提出脑岛可能与主观情绪调节相关，而有NSSI史的青少年表现出双侧岛叶皮质和右侧额下回的皮质体积减少，白质束（钩形束、扣带、丘脑前辐射、胼胝体和皮质脊髓束）的广义分数各向异性低，这意味着NSSI的发生与皮质体积变化、脑白质功能结构紊乱可能有一定关系。

6. NSSI的脑区连接机制

大脑的不同神经元、不同脑区之间存在着不同形式的连接，从而构成一个非常复杂、庞大的大脑网络。现代脑科学研究表明，许多大脑高级认知功能的实现依赖的是不同脑区之间的协同合作，而不仅仅是依靠于某个具体的脑区。而很多神经和精神疾病的发病机制，从某种程度上来说，是相关脑区之间存在某种形式的连接异常。大脑内的这种连接，可以分为三种，即结构连接、功能连接和有效连接。所谓结构连接，指的是大脑神经元或脑区之间解剖学上的连接，具体来说，如神经元之间轴突或突触连接，皮质和皮质下核团之间的神经纤维束连接等。所谓功能连接，是利用不同脑区记录得到的信号，计算得出反映不同脑区关系强弱的某种指标。而有效连接，指的是一种因果影响，具有方向性，比如说，A神经元或脑区与B神经元或脑区之间存在解剖学连接，但是只能由A神经元或脑区向B神经元或脑区发送指令，这种连接就具有方向性，属于特殊的结构连接和功能连接。大量实证研究发现，以杏仁核为种子点的大脑功能连接与NSSI相关。如在有NSSI史的女性中发现杏仁核与运动辅助区、前扣带回的静息功能连接增强，即使矫正了抑郁症状后，她们的杏仁核与运动辅助区的静息功能连接异常仍然显著。又如与仅患有重度抑郁障碍的青少年相比，伴随NSSI的重度抑郁障碍青少年在右侧梭状回、右侧正中扣带回、副扣带回中表现出显著增强的神经活动，并且双侧额上回内侧眶/双侧额上回、双侧后扣带回、左苍白球、右侧颞上回、右中央后回/右顶下小叶的静息状态功能连接明显减弱。此外，有反复NSSI行为的青少年的杏仁核与前扣带回、胼胝体之间的连接明显减少。所以，就目前研究所得，NSSI的脑区连接机制聚焦于阐释功能连接异常对自伤行为的影响，对大脑结构连接、有效连接这块区域是否存在特异性的改变还缺乏相应的实证研究去揭示。

7.未来的研究方向

就NSSI的神经生物机制研究而言，同样取得了较大进展，但仍有以下问题亟待解决：其一，青少年的大脑结构、神经通路不断发育，由不成熟走向成熟，但各脑区发育速度有快有慢，这一时期与情绪处理有关的脑区（如前扣带回、杏仁核等）发育迅速，但认知控制系统（如前额叶皮质）发育相对滞后，因此未来的研究需要从习得的视角探究NSSI形成与发展的神经机制。其二，实证研究反复表明，NSSI的发生主要源于自我控制问题，未来的研究需要从情绪控制系统和认知控制系统的双重视角来探究NSSI的机制。其三，当前大量研究以伴BPD患者或伴抑郁症状的NSSI患者为被试，这使得研究结果不能推广到普通人群中，未来需要以非临床人群为被试进行验证。其四，当前研究大都为横断研究设计，今后需要采用纵向研究设计及基础研究设计，探究青少年NSSI与大脑脑区关联的动态变化、不同脑区连接性的关系。

（三）神经内分泌机制

1.下丘脑—垂体—肾上腺轴轴功能活动异常

大多数抑郁症青少年应对压力和挑战的能力不足，期望通过自伤来减轻压力、缓解人际关系困难或减少消极影响，其复杂的心理和生物系统涉及的激活和调节应激反应，主要体现为下丘脑—垂体—肾上腺轴（hypothalamus pituitary adrenal axis，HPA轴）的调节与激活上。HPA轴包括了下丘脑、垂体、肾上腺和下游相应的靶器官等，在应激源刺激下，首先促使下丘脑室旁核神经元释放促肾上腺皮质激素释放激素（corticotropin releasing hormone，CRH），继而刺激垂体释放促肾上腺皮质激素（adrenocorticotropic hormone，ACTH），ACTH又导致肾上腺皮质激素（corticosterone，CORT）释放增加，CORT再作用于下丘脑和垂体形成反馈调节环路，从而维持机体内环境稳态。可见，HPA轴是机体重要的神经内分泌免疫调控通路，是神经内分泌免疫网络的枢纽。HPA轴最上位的下丘脑充当着神经系统和内分泌系统的"联络员"，即神经—体液调节的"连接器"，当机体感受到体内外各种刺激时，会通过向下丘脑释放神经递质，并与相应受体结合后，促使下丘脑释放CRH，从而激活HPA轴。下丘脑所释放的CRH，会在HPA轴产生瀑布式的级联放大效应，形成一个效能极高的生物放大系统。如若个体遭受着过度或长期的压力，会影响大脑中糖皮质激素和盐皮质激素受体密集的区域，包括海马体和前额叶皮质，这可能会导致HPA轴的失调。有学者对162名（12～19岁）有重复自伤史的重度抑郁症青少年和无重复自伤史的重度抑郁症青少年以及健康对照组在社会压力背景下的唾液皮质醇进行了研究，结果表明，前两组表现出更低的皮质醇水平，说明伴有NSSI行为的抑郁症青少年HPA轴功能紊乱。另有研究将26名14～18岁在过去6个月内至少参与过5次NSSI的青少年和26名年龄、性别和学校类型匹配的健康对照组作为被试，以唾液皮质醇和头发皮质醇去考察HPA轴的活动，发现NSSI青少年在早上可能表现出更强的皮质醇觉醒反应，在短期内帮助个人从压力经历中恢复并降低兴奋性，然而，升高的皮质醇水平可能不会全天保持，并且，NSSI青少年的头发皮质醇和昼夜斜率没有改变。进一步的，研究者还关注到NSSI青少年与其兄弟姐妹在访谈童年逆境时的HPA轴反应有所不同，在创伤访谈期间NSSI青少年唾液皮质醇显著减少，而头发皮质醇水平显著升高。当然，也有研究发现有NSSI行为的青少年表现出整体皮质醇水平和反应性较低的证据，提示青少年发生NSSI行为与HPA轴对压力的反应变迟钝有关。从这些研究可以看出，NSSI患者的HPA轴功能活动存在异常，但关于皮质醇是降低还是升高各研究的结果并不一致。

2.可能参与自伤的HPA轴相关基因

回顾以往研究可以得出，可能参与自伤的HPA轴相关基因包括cAMP反应原件蛋白（cAMP response element binding protein，CREB）基因、FK506结合蛋白5（FK506-blinding proteins 5，FKBP5）基因、受体—盐皮质激素受体（nuclear receptor subfamily3，group C，member2，NR3C2）基因、促肾上腺皮质素释放激素受体1重组蛋白（recombinant corticotropin releasing hormone receptor 1，CRHR1）基因等，它们可以通过调节HPA轴各部分的激素分泌影响杏仁核及海马的结构与功能，从而在自伤的遗传与环境相互作用中扮演重要角色。例如，HPA轴功能异常会导致海马体积的减小，海马的结构和功能受到影响，且在面对威胁刺激时，海马区域活动更强，而这些变化可能与FKBP5基因有关。此外，CRHR1会刺激促肾上腺素释放激素的分泌，影响HPA轴功能状态，进而影响个体在压力情境下的行为表现。就目前研究而言，虽然发现了一些与HPA轴功能状态相关的基因，但这些基因在NSSI发生过程中是如何共同作用、互相影响的，其中的内部机制还需要进一步深入探讨。

3.未来的研究方向

就NSSI的神经内分泌机制而言，HPA轴异常激活、易感基因、大脑皮质结构、白质完整性和脑静息态功能异常改变都可能导致自伤的发生，但是我们也发现关于唾液皮质醇、头发皮质醇的结果并不一致，未来研究可扩大样本量，用标准化的方法提取及测量皮质醇水平，继续深入挖掘HPA轴导致自伤的易感基因，观察在执行任务过程中脑区功能、结构的变化。

（四）其他机制

1.导致NSSI发生的免疫炎症机制

对于自伤患者而言，研究者主要探讨的是上述三类作用机制，但近年来，情感类疾病的炎症机制逐渐受到医学界的关注。于是开始有研究人员将目光聚焦在了NSSI的免疫炎症机制上。炎症假说认为应激刺激引起炎症级联反应，最终导致焦虑抑郁样症状出现。实证研究表明临床人群和临床前动物的抑郁状态通常伴随组织的炎性改变，体现在胃黏膜、肠道及脑组织的炎性改变等。而临床研究也已证实炎症标志物是与自杀和其他冲动行为问题相关的关键标志物之一。细胞因子是由单核细胞、巨噬细胞和淋巴细胞等免疫细胞合成与分泌，在生理情况下，细胞因子能支持营养神经元及对神经的发生起重要作用。现阶段关于细胞因子在NSSI发病中的作用与机制研究主要集中在肿瘤坏死因子-α（TNF-α）、白细胞介素-1（IL-1）、白细胞介素-6（IL-6）等促炎细胞因子。韩国某学者以年龄在18～45岁的45例情绪障碍患者为研究对象，将其分为NSSI组（23人）和非NSSI组（22人），测量了他们血浆中的TNF-α和IL-1、IL-6水平，发现NSSI组情绪障碍患者的TNF-α水平更高，而IL-1、IL-6在两组患者中的差异不明显，说明NSSI的发生与部分炎症因子介导的炎症反应加剧有关。原因在于促炎细胞因子可激活色氨酸分解代谢的犬尿氨酸途径，并导致HPA轴的失调以及单胺代谢的改变。而犬尿氨酸通路的激活可刺激N-甲基-D-天冬氨酸激活，导致异常的谷氨酸信号传导，并抑制星形胶质细胞对谷氨酸的摄取，加重谷氨酸的毒性作用，影响神经递质传递和血脑屏障的建立，并且，HPA轴的失调和单胺代谢的改变导致了5-HT代谢的改变。此外，大脑免疫反应中的另一个免疫细胞为小胶质细胞，小胶质细胞作为中枢神经系统内的免疫细胞，对神经元起重要的调控作用，而增加的TNF-α与慢性小胶质细胞激活和白质变性有关，所以通过一系列炎症代谢途径诱导脑区功能变化，最后引发了自伤行为。

2.未来的研究方向

以上研究证实了NSSI发病中神经系统、免疫系统、炎症系统之间的复杂关联，正是这三个系统之间的失衡介导了NSSI基本发生机制，提示这一复杂调控机制有望成为中枢神经系统药物开发或临床干预治疗的作用靶点。然而关于三者的关系及其具体机制仍有许多问题尚待解决。未来，需进一步阐明免疫炎症途径在抑制NSSI发生发展中的具体信号转导机制，明确药物治疗的关键靶点，以降低NSSI行为的发生率。

　　总体而言，相较于自杀、抑郁等病理性行为或情绪障碍，自伤的基因、神经生物、神经内分泌、免疫炎症机制研究无论是数量还是质量都较为缺乏，未能真正揭示NSSI独有的内在关联机制。目前，自伤研究多是关注某一特定基因与环境的交互作用及其可能存在的脑结构与功能变化，但实际情况远比此要复杂。越来越多的研究表明，单一的基因多态性、某一脑区的功能结构变化并不能完全解释大脑功能活动的差异性，它们之间还存在复杂的交互作用。鉴于NSSI的发生是多因素共同作用的结果，并不是单一基因、某一脑区、某种激素或炎症因子单独导致的，研究人员应重视从整体性视角来考察其产生、发展和维持的过程。从"基因—环境—脑—行为"框架出发，揭示NSSI的遗传学机制，从大脑脑区功能结构的变化及不同脑区连接性的关系揭示NSSI的神经生物机制，从HPA轴激素的级联反应及启动、终止的易感基因揭示NSSI的神经内分泌机制，从免疫炎症因子—脑—行为的关联作用揭示NSSI的炎症作用机制。此外，重视儿童、青少年、成人等不同年龄阶段的大脑发育水平，从习得角度或动态眼光去阐释自伤过程中大脑功能或结构变化，最后有针对性地采取干预措施，降低NSSI的发生率，保障青少年健康成长。

第二节　心理社会机制

一、NSSI的心理社会危险因素

　　NSSI行为并不是某一个单一因素所能导致的，与NSSI行为相关的因素主要有个体心理因素、环境因素和神经生物学因素三个方面。通常认为NSSI行为的发生，是性格、情绪调节障碍、早期创伤经历、家庭教养方式、不良生活事件、同伴关系及学校环境等后天因素和与遗传有关的神经生物学因素综合作用的结果。本节将重点介绍NSSI的心理社会危险因素及相关机制。

（一）个体心理因素

1.人格

人格是个体精神活动较为稳定、持久的特征。研究发现，NSSI患者具有较高的神经性及开放性，较低的宜人性及尽责性。NSSI行为的出现，往往存在人格结构异常或者精神障碍。既往研究发现，自残行为常与边缘性、反社会型、表演型、回避型、依赖性和强迫性人格障碍并存。

性格通常影响着个人对环境的适应和对具体事物的反应方式。具有内向、自卑、情绪稳定性差、攻击性强（包括言语和躯体的攻击）、冲动性格特征的青少年更易发生NSSI。相对于外向的青少年，内向的青少年负性情绪的发泄渠道减少，而且大多内向的青少年有自卑感，若遇到一定的应激事件，将出现一定的情绪调节困难，可能会以NSSI来缓解负面情绪。但有研究表明，"书呆子"不增加NSSI的风险，爱运动的青少年可减少NSSI的发生。做事不考虑后果，较冲动的青少年，以极端的方式解决问题、逃避惩罚，容易发生NSSI。

2.情绪因素

有研究显示精神障碍患者的NSSI发生率极高，其中抑郁情绪是重要的独立危险因素。同时，BPD、广泛性焦虑障碍、社交恐惧症、神经症、创伤后应激障碍也是危险因素。NSSI是情绪调节异常的表现。青少年为了改善负性情绪，获得愉悦感，减少恐惧而采取NSSI。同时情绪调节异常的青少年也常表现为进食障碍、物质滥用。有研究表明，进食障碍及物质滥用的青少年较对照组有更高的NSSI发生率。

NSSI患者面临负性事件缺乏适应性的情绪调节策略。与NSSI相关的情绪变量主要有：高情绪强度、情绪表达不能、情绪调节困难。NSSI

患者对情绪唤起事件的厌恶生理唤醒水平升高，而具有高情绪强度的个体必须调节更高的唤醒水平，更高的唤醒则调节情绪的难度更大，具有高情绪强度个体可能会体验到他们的情绪是压倒性的。既往研究表明，情绪紧张的人更有可能使用情绪回避和抑制来应对强烈的情绪体验。述情障碍，常常也称为情绪表达不能，以不能适当地表达情绪、缺少幻想和实用性思维为特征，当个体不能处理和忍受所出现的消极情绪时，就更可能发生自我伤害，NSSI行为的一个重要功能是释放、表达或传递情绪感受，研究发现很多NSSI患者往往存在不同程度的述情障碍。许多实证研究都表明：情绪调节困难与NSSI相关，能有效地预测。

（二）环境因素

1.家庭、学校和社会环境

家庭、学校环境和社会环境对个体NSSI的产生均有影响，其中家庭环境起主导作用。家庭环境可以通过多方面影响青少年NSSI行为的发生。Linehan的生物社会模型表明，若童年时期经历不良的家庭环境，情感体验被否定或忽视，会阻碍情感调节技能的获得，容易使个体处于风险之中，因为他们会采取不太理想的方式来应对情绪困扰，例如自伤。发育精神病理学框架可用于研究不良家庭生活事件，特别是虐待经历与自伤之间的联系。该方法认为，儿童在成长环境中的负面经历导致认知、情感或行为发展的不适应，从而增加了自伤行为的风险。两种理论都有一个共同的观点，即高质量、响应性强的照料促进最佳情绪反应和调节过程的发展，而不充分或非典型的照料经历则易导致情绪缺陷，从而驱动个体随后的消极应对行为。

家庭结构完整性是NSSI发生的重要因素：离异家庭和重组家庭的儿童比完整家庭的儿童有更高的自伤发生率。对于留守儿童来说，父母的缺失导致家庭结构不完整，所处环境的不利，更容易产生NSSI行为。中国有大量农村地区的儿童随着父母从农村进入城市生活、学习，被称为流动儿童。对于流动儿童来说，由于所经历的压力性生活事件增多，发生NSSI行为者明显增多，尤其是流动女童。经历父母功能障碍，如父母物质滥用、目睹家庭暴力且遭受低水平虐待的学生，其NSSI和自杀行为的发生率比没有经历过家庭逆境的同龄人增加了两倍，而同时经历过父母功能障碍和虐待的学生，其NSSI和自杀行为的概率增加了3~4倍。除此之外，家庭经济情况差、父母文化程度较低、经历过亲属自杀或自伤行为的青少年更容易发生NSSI。因此，改善家庭环境和亲子关系可能降低NSSI发生的风险。

家庭是青少年主要的生活环境之一，对青少年身心发展起着重要的作用，是无可替代的。研究显示，父母严厉的教养模式容易使青少年产生逆反心理，更多的表现为攻击行为或抑郁情绪，从而增加 NSSI 的发生，同时，过度保护、溺爱孩子、家庭暴力、对其关注太少，容易使青少年情绪调节异常、适应不良、人格发育障碍、不自信，青少年为了改变与父母的关系或得到更多的关注而采取同NSSI行为，且具有离家出走史的青少年发生NSSI的概率也增高。研究表明，良好的家庭关系，可以在青少年的成长过程中给以稳定的支持，使青少年有安全感，从而减少NSSI。完整和睦的家庭可给予青少年更多的情感支持，其人格发育更加健全。单亲家庭成因不尽相同，不论是离异、配偶死亡、未婚先孕等，单亲家庭的子女更容易出现心理问题，如自卑、抑郁、焦虑、自责、逆反等，从而增加了青少年的NSSI发生率。在中国，家庭里多为独生子女，但研究显示独生子女不是NSSI的危险因素。家庭中长辈是青少年学习的榜样，若家庭中长辈有NSSI史，青少年为了改善不良的情绪或为了逃避责任，就很可能效仿该行为。有研究提示，患有抑郁症的父母其子女容易发生NSSI。研究发现，父母文化程度较低、家庭经济情况较差的青少年更容易发生NSSI，这是因为当青少年遇到困扰及挫折时，父母不能给予很好的支持，同时不能积极地寻求其他社会支持。

一般而言，青少年的主要活动范围一个是家庭，另一个就是学校，所以学校环境对青少年的成长发育、认知行为的养成也至关重要。青少年如果学业压力过大，与同学发生冲突（男生常表现为身体攻击，女生常为关系攻击）或与老师关系紧张，都可能成为NSSI的触发因素。老师和同学若能够对情绪调节困难的青少年给予及时的关注与支持，则可以缓解青少年的焦虑、敌对情绪，让其具有安全感。

随着青少年社交媒体的普及，他们易于接受NSSI的负面信息，模仿他人的NSSI行为。有研究发现，网络社交可能导致青少年更多地接触和参与NSSI，青少年花在社交网站上的时间越长，自我评估的心理健康状况越差，越易出现NSSI行为及自杀念头。性少数群体，如双性恋、同性恋、跨性别恋爱和性别认同障碍个体的NSSI患病率明显高于异性恋和顺性别的个体，其中变性人和双性恋个体的NSSI患病率最高。这可能与目前社会大众对性少数群体接纳程度有限有关，导致这部分青少年群体承受了更大社会压力和舆论压力，出现NSSI行为风险增高。同时，社会支持度低的个体出现NSSI及自杀的概率明显增高，一项针对社区和住院患者心理健康状况的研究也表明，与缺乏社会支持的儿童和青少年相比，拥有某种形式社会支持的个体发生NSSI的概率降低了26%。除此之外，研究发现青少年NSSI行为与抑郁障碍、饮酒史、不良行为均具有显著关系，针对NSSI的干预措施可以缓解抑郁症状，减少饮酒和不良行为。

2.父母教养方式

一项对社区青少年及其父母的一个大样本的前瞻性研究显示：NSSI和教养行为之间存在相关性。NSSI往往伴随着不正常的家庭关系，家庭内部问题也会触发NSSI。NSSI组青少年在母亲温暖和支持的得分低于非NSSI组。而NSSI组的母亲显示有较高的抑郁、压力、焦虑特征和对子女较低的满意度。一项研究（$n=1\,439$）探讨了父母和家庭与青少年NSSI的关系，结果显示有NSSI行为的青少年感知到较高的来自父母的心理和行为控制。在Logistic回归中，将父母报告的养育行为作为协变量进行控制后，结果发现父母报告的支持和行为控制在预测NSSI行为中存在显著的交互作用。正确的家庭教养方式使个体形成成熟的人格，在面对生活挫折或其他负性事件时能够以正性方式应对；而在极端的父母教养方式家庭中成长的个体不能合理调节自己的情绪，面对负性情绪无法应对时会采取极端的方式（如自伤）来回避。

3.负性生活事件

负性生活事件是指让个体感到不愉快的事件，负性生活事件的累积，使情绪调节异常的青少年更容易陷入不良情绪的控制，而这恰恰是NSSI行为发生的潜在危险因素。青春期伴随着自我意识发展，自我控制能力欠佳。青少年易产生心理断乳现象，尤其是青少年抑郁症患者缺乏良好的情绪调节能力和缓解压力的技巧，当遇到负性生活事件，如升学或考试压力大、不良的同伴关系、虐待等，将导致抑郁、焦虑情绪难以缓解，从而采取消极或过激的应对方式缓解负性情绪或惩罚自己，导致NSSI发生率明显增加。负性生活事件作为一种应激源，对于情绪调节异常的青少年，可诱发NSSI。

4.同伴关系

同伴关系对青少年的认知、情绪、人格发展起着重要作用，对青少年的影响甚至会超过父母。不良的同伴关系会导致青少年心理健康问题。有研究显示，NSSI行为与同伴孤立、欺负等存在相关性。有研究者认为，NSSI行为可以缓解不良同伴关系带来的负面情绪，而有些青少年实施NSSI是为了达到调节人际关系和控制他人的目的。有研究在1 701名中国中学生中调查了同伴群体的冲动氛围对NSSI的影响和同伴群体的冲动性如何介导个体NSSI行为。结果显示，同伴群体的影响对NSSI有直接作用。有研究显示，有一个自残的同伴是青少年NSSI的重要风险因素。

二、NSSI的心理社会机制理论模型

（一）单一功能解释模型

Carr将自伤的功能归为五个假说：积极强化假说（positive reinforcement hypothesis）认为NSSI行为是一种习得的操作性行为，能够通过积极的社会强化来维持；消极强化假说（negative reinforcement hypothesis）认为NSSI行为是一种习得的操作性行为，通过厌恶刺激的结果来维持；自我刺激假说（self-stimulation hypothesis）认为NSSI行为是一种提供感官刺激的手段；器质性假说（organic hypothesis）认为NSSI行为是生理异常的结果；心理动力学假说（psychodynamic hypothesis）则认为NSSI行为是企图建立自我界限或减少过失感的反应。

Carr提出了自伤动机的五点假设，使得人们对NSSI行为的解释跳出了只关注行为本身的狭隘性，开辟了"行为—环境"这一研究新方向，以后的研究也开始考虑"环境"这一因素对NSSI行为的作用，如Suyemoto将自伤的功能归纳为六种模型：环境模型、对抗自杀模型、性模型、情绪管理模型、分离模型和边界模型。

在Carr和Suyemoto的NSSI行为功能解释中，每一个假说或模型都是从一个独立的角度来解释NSSI行为的功能，各个假说或模型之间没有相互作用的关系。这种类型解释的优点便是为我们提供了多个研究NSSI行为功能的新视角，开拓了我们的视野。有研究者对20世纪80年代到21世纪以来的NSSI行为功能研究作了总结，归纳出以下NSSI行为的功能：①释放焦虑；②表达愤怒；③表达不安的想法和感觉；④释放压力；⑤表达犯罪感、孤独感、距离感、敌意和忧虑；⑥表达情绪上的痛苦；⑦逃避情绪上的痛苦；⑧为自己提供安全感；⑨为自己提供掌控感；⑩自我惩罚；⑪明确与别人的界限；⑫终止人格解体和现实解体；⑬终止幻觉；⑭终止思维的飞速转变。

有的研究认为NSSI行为只有其中某一种功能，有的研究则认为

NSSI行为有多种功能。以下简单介绍几种解释模型。

人格分裂模型认为，当重要他人缺席时，NSSI行为者所感受到的强烈情绪可能导致分裂或人格解体，对自己造成身体伤害可能会使系统休克，从而中断解离性发作，并导致一个人重新获得自我意识。该模型认为分裂感来自被遗弃或被孤立感，从而使人感到麻木，自伤是解决麻木、重获身份认同、结束心理分裂的方式；自伤也可能是产生情感和身体感觉的一种方式，进而让个体感觉真实。

人际影响模型认为，自伤是在自伤者的环境中用来影响或操控他人的行为，在该环境中，通过外部环境给予内部释放，NSSI行为会得到强化。同伴对青少年的影响远远超过其他年龄阶段，而且处于青春期的孩子们有着强烈的好奇心，进而导致NSSI行为在青少年之间具有强烈的传染性。自伤也被认为是一种求救、避免被遗弃的方法，是一种试图被更认真对待的尝试，或者是影响他人行为的其他方式。例如，一个人可能会通过NSSI行为来获得重要他人的关注与喜爱。青少年时期面临着许多发展危机，尽管他们努力寻求个体独立，但同时他们也有强烈的归属需要。如果青少年在面对压力而感到孤独无援，尝试自我努力调节却又失败时，那么NSSI行为将是他们面对挫折和压力的一种方式。

自杀与自伤者虽然有相似的心理特征，但在行为表现、意图等方面均具有明显差异。自杀模式认为自伤是抵抗自杀冲动的一种应对机制，是自杀意图的替代品。自伤可以被认为是表达自杀想法的一种方式，但不会有死亡的危险。例如，Himber曾描述过一个病人在长时间不切割后感到自己有自杀倾向，而切割却阻止了自杀想法的案例。

人际边界模型认为，NSSI是确认自我边界的一种方式。自伤者被认为缺乏正常的自我意识，原因是缺乏对母亲的依恋，或者无法从母亲那里获得个性化。人们认为，在皮肤上做标记是为了确认自己和他人之间的区别，并表明一个人的身份或自主权。

自我惩罚（self-punishment）是个体在违反社会规范后，自觉承受伤害或蒙受损失的行为。自我惩罚模型认为，自伤是在表达对自己的愤怒，自我导向的愤怒和自我贬低是自伤者的显著特征。Linehan研究发现，自伤者已经在自我环境中学会惩罚或自我贬低。他们在自伤前会产生一系列负性情绪，这些情绪让其感到沮丧甚至厌恶自己，个体会采用不同的方式来减少或削弱这些情绪，NSSI就是其中之一，来实现自我协调和自我平衡。

寻求刺激模型认为，自伤是一种产生兴奋的方式。5%患有BPD的女性患者认为，"提供一种令人兴奋的兴奋感或刺激感"是她们选择自伤的原因；对青少年的研究也出现了类似的结果，在非临床人群中，超过10%的青少年选择自伤的理由是"我认为这很有趣"，接近10%的青少年精神疾病患者选择自伤的理由是"兴奋"。

（二）整合性功能解释模型

1. 四功能模型

Nock和Prinstein的研究表明，NSSI行为多从年龄较小的时候开始出现，有多种表现形式；自伤的原因与学习理论一致，包括自我强化功能（如情绪管理）和社会强化功能（如引人注意、体验回避），强化又分正强化和负强化，四个因子相互作用（如图2-2-1所示），从而可以将自伤的功能分为自我正强化、自我负强化、社会正强化和社会负强化四个方面。其中与自我强化相关的原因出现频率最高，这说明许多人自伤的动机是情绪管理（刺激或平抑）或者以前的生理经验。Nock和Prinstein认为，社会强化不如自我强化频繁的原因是有NSSI行为的成年人多孤立于外界环境，缺乏受社会环境影响的机会。这一结论与Iwata等人在1994年的一项研究互相矛盾。Iwata等人对152个有NSSI经历的个体进行研究，通过实验设计排除其他因素干扰后，得出的结论是：NSSI行为持续发生的个体中，38.1%是由社会负强化导致的，26.3%是由社会正强化导致的，25.7%是由自我强化导致的，5.3%是由一些综合控制功能因素导致的，其他因素干扰占4.6%。

本研究认为，Nock和Prinstein的研究中"社会强化不如自我强化频繁"的结论是研究方法选择不当导致的。在他们的研究中，完全倚重自伤者的自评量表来得到自伤方式、频率和功能等数据和信息，虽然该量表在普通样本研究和精神疾病样本研究中均被证明有效，但数据和信息终究是来源于自伤者的自评自述，当自伤者以研究对象的身份填写量表时，为了减轻心理压力获得自我安慰会倾向于将自伤归因于外部，在原始数据和信息不客观的情况下得出"社会强化不如自我强化频繁"的研究结论。

Nock和Prinstein的研究最大的贡献是为NSSI行为的功能模型提供了清晰的表述和实证支持。该研究在NSSI行为解释方面迈出了重要的第一步——用可以直接用评估和治疗的方法来解释NSSI行为。但是"自我—人际（即社会）"和"正强化—负强化"两个维度的概括水平太高，很容易适用于任何调查资料，为NSSI行为提供的特征性信息比较有限，进而影响模型的解释、预测功能及其科学价值。而且研究方法上的漏洞也使人对其研究结论产生质疑。

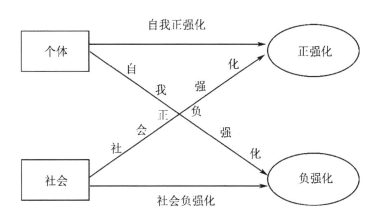

图2-2-1　四功能模型

2. 体验回避模型

体验回避模型（experiential avoidance model，EAM）认为，NSSI行为是个体回避情绪体验的表现。该模型突出了自我伤害的不同功能：

①情感调节，特别是减少消极情绪（恐惧、内疚、孤独、愤怒、情绪痛苦）；②对解离和人格化时期恢复现实感的渴望；③防止自杀倾向；④影响环境；⑤确定自我界限；⑥惩罚自己或他人；⑦表达个人创伤体验或再次经历创伤；⑧在"内在空虚"情况下诱导情绪。从事自我伤害的人通常具有非适应性的压力管理方法（通常采用严重的回避策略）、低自尊、更高的冲动水平、更频繁地体验消极情绪和解离状态。

自伤的形成机制为：一个情景事件引发了个体的厌恶情绪，个体为了逃脱或缓解不愉快的情绪体验，在诸多因素的相互作用下实施NSSI行为。自伤的结果（缓解负性情绪）为个体带来了即刻满足，这种负强化作用加强了不愉快的情绪刺激和NSSI行为之间的联系，一旦个体再次面临不愉快的情绪体验，NSSI行为就成为了一个自动化的逃脱反应，如图2-2-2所示。

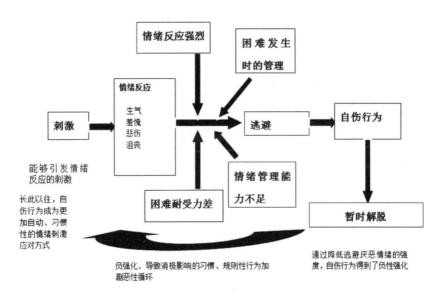

图2-2-2　EAM

EAM将NSSI行为的功能解释为逃避不期望的或厌恶的情绪体验。大量研究也为NSSI行为是体验回避行为这一观点提供了支持，但也受到了一些人的质疑，即个体面对厌恶情境时，为什么选择自伤而不是其他方式来寻求心理解脱。随后有研究开始解释个体选择自伤来回避情绪体验的内在机制。一项研究发现，自伤可以导致内源性阿片肽水平下降，从而转移、分散个体对不愉快情绪的反应，或者作为一种自我惩罚方式从而降低情绪反应。

EAM可以说是对四功能模型中的自我负强化的发展，不仅从个体与环境的相互作用角度来解释行为，而且开始寻找行为的生物医学根据，同时还将环境中的触发机制与个体内部的作用机制衔接成一个联动系统来解释NSSI行为的功能，以后的NSSI行为功能研究大都采用这种联动系统的解释方式。

3. 情感级联模型

情感级联模型（emotional cascade model，ECM），它用认知成分来补充EAM模型。ECM模型最初是为了阐明BPD患者经历强烈负性情绪和从事破坏性行为之间的关系，但根据现有研究，可以假设同样的机制也适用于其他人格障碍患者。ECM的假设是，个体表现出强烈的反刍不愉快事件的倾向，这导致负性情绪（悲伤、愤怒、恐惧）的逐渐累积。这反过来又会导致对另一种非正面刺激的更高敏感度，从而加剧反刍和不良情绪。因此，通过它将产生的正反馈机制，即所谓的情感级联，它保持在个人的控制之外，并且它的激活延长了回到初始情绪状态的时间。对于人格障碍患者，尤其是BPD患者，几乎每一个不良事件都可能引发一种情绪级联反应，这种情绪级联反应不能被标准的应对策略（例如，消散、分心、寻求社会支持）打断，而只能通过破坏性行为（例如，自我伤害与痛苦的经验）。重复的错误策略有效降低反刍严重程度的经验导致工具性条件作用机制中破坏性行为的强化。研究证实了ECM在自我伤害研究中的有用性。

4. 心理发展模型

Yates的心理发展模型基于发展精神病理学理论，展现了早期创伤体验导致NSSI行为的发展过程。Yates认为，每个人都有五种心理能力：动机能力、态度能力、工具性能力、情绪能力及社交能力。如果个体在童年期受到精神创伤（尤其是虐待），那么他很可能将无法对自己和他人设定恰当的期望，不会有效地感知、表征及整合自己的经验，不能掌握调节刺激的策略，或许也没有能力加入愉快而有意义的社会交往之中。这样的个体往往会通过自己认为最明确的方式（自伤）来建立自我界限观念。

　　如图2-2-3所示，Yates的心理发展模型认为，儿童早期（尤其是养育环境下）的创伤体验会阻碍个体五种心理能力的发展。而这些心理能力不足就容易引发NSSI行为，个体借助自伤来应对心理能力弱化的情况，度过发展过程中的困难；自伤行为是补偿性管理及社交策略，帮助个体获得与他人的关联感、自卫、移情、管理情绪及感知自己与他人的界线。也就是说，自伤是个体由于早期创伤体验导致的、后天形成的一种补偿性管理措施。

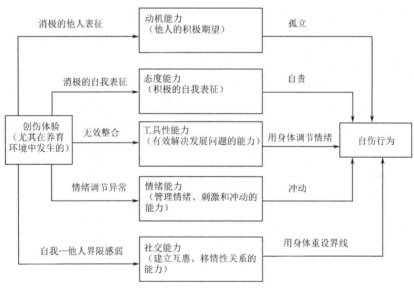

图2-2-3　心理发展模型

　　心理发展模型将"环境—行为"这一解释模式中间又加入了"心理能力"这一新概念，变为"环境—心理能力—行为"，使内外因共同作用的联动系统解释方式更加清晰，消除了人们对外部因素由外至内的作用过程的疑惑，进一步丰富和完善了NSSI行为研究。

5. 综合理论模型

Nock等的综合理论模型从自伤的功能、风险因子及作用机制、诱发因子三个方面来解释NSSI行为。首先自伤不是心理疾病的一种症状，而是一种应对机制，自伤者通过NSSI行为对自己的情绪、认知和社会功能进行管理。其次，自伤也是一种沟通方式，NSSI者借助自伤行为达到影响、控制他人的目的。遗传生物学因素、早期创伤经历、家庭教养方式等影响因素共同作用，导致情绪管理和人际沟通障碍，从而进一步导致自伤行为。Nock提出了自我惩罚理论、实用主义理论、痛感缺失等6个假说解释了个体最终选择自伤的原因，阐明了自伤的易感因子。自我伤害的主要作用是调节影响和/或社会状况：①远端因素，例如，强烈的反应性情绪唤起的遗传倾向，童年虐待或忽视的经历，父母敌意和批评的经历；②人际因素，即情绪级联的开始，对紧张体验的低容忍度，社会技能领域的缺陷。上述因素的重合有助于非适应性策略的发展。根据Nock的观点，自我伤害的产生和持续有四个过程：①内部消极强化（避免不良情绪状态）；②内部积极强化（获得期望的情绪状态）；③人际积极强化（促进寻求帮助）；④人际负强化（有助于摆脱不必要的社会状况，这是对远端因素造成的缺陷的反应）。根据上述模型，压力事件会导致过度或太弱的刺激，并产生难以满足的公众期望。面对个人缺陷的存在以及造成自我伤害的特定文化或社会因素，导致了破坏行为的发展。

Nock提出一种解释自伤行为的产生、维持的综合理论模型。该模型涵盖内容最为丰富，涉及遗传生物学、心理、社会三个层面，为人们如何理解自伤行为提供了一种整体思路。他认为自伤行为能够维持是因为这是一种能够迅速回应负性情绪体验的有效方法。一些早期诱因（如童年期的虐待等）能使人不论是在头脑中还是在现实中都倾向于用无效的方式处理生活中的压力，这类诱因越多，自伤行为越容易出现。这些早期诱因只是容易使人产生多种精神功能障碍的症状，能够使这些症状变为自伤行为的是一系列直接与自伤相关的特定因素（如社会学习）。综合理论模型将多个领域研究自伤行为的成果整合起来，提出了自伤行为研究的新问题和新方向。这一模型有三个主要观点：一是NSSI行为是自伤者调节个人情感或认知体验、与他人交流或影响他人的方式；二是能够导致情绪调节或人际交流问题的早期诱因（如童年期的虐待）越多，自伤行为发生的概率越高；三是一些特殊的因素（如社会学习）能够解释为什么自伤者偏偏用自伤的方式来满足个体的功能需要（图2-2-4）。

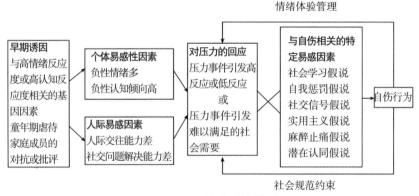

图2-2-4 综合理论模型

（三）小结

总体看来，虽然不同理论模型从不同角度来解释自伤，但基本在以下几方面有共同的认识：①自伤是一种适应不良的应对机制；②强调早期创伤经验的致病性；③早期经验可能和某些先天因素共同引发后期的自伤；④先天、后天致病因素以发展出情绪管理障碍为中介间接作用于自伤。

模型的提出可以帮助人们深入理解和认识NSSI的发生和发展，对研究方向也有引领作用。但仍然存在一些不足：首先，对于自伤行为概念本身的理解存在一定限制，国内外对自伤行为的评价缺乏统一性；其次，理论模型相关的实证性研究还较为缺乏，今后需要在有代表性的人群中进行进一步的证实；再次，相关研究的报告证据主要来源于横断面或回顾性研究，缺乏时序论证，建立人群队列研究十分迫切；最后，大多数研究都依赖于自伤行为者的回顾性自我报告形式，采用客观的评价方式是今后的一个重要研究方向。

第三章
非自杀性自伤的评估

第一节　非自杀性自伤的评估方法

在开始评估前，我们需要清楚地认识到建立良好的医患关系的重要性。由于精神疾病的诊断缺乏客观的指标，在很大程度上依赖于病史的采集，因此真实、全面、有效的评估尤为重要。而彼此信任、互相支持的医患关系则是全面采集病史的基础。此外，NSSI患者，往往还存在人际交往的困难，良好的医患关系也是为患者树立了人际交往的典范，能促进医患之间的理解与信任，因此，良好的医患关系也是一种治疗关系。为了建立良好的医患关系，评估者应做到：①信任、接纳患者，不以自身的价值取向去评判患者的行为和价值观，尊重患者的人格、信仰和文化；②针对不同患者特点，因人、因时采取不同方法或策略去充分了解患者的疾病行为和情绪反应；③建立广泛的治疗联盟，尤其针对配合差的患者，更要注重与其家人建立密切的合作关系，这对全面了解患者病情、促进后期治疗意义重大。

由于NSSI的发病机制目前尚不明确，在评估中需要综合考虑与NSSI有关的一系列重要因素，如发生频率、行为意图、心理状态及后果等，才可能全面了解个体行为背后的真正原因，为进一步的治疗干预提供参考指导。NSSI主要评估的内容包括一般资料、主诉、NSSI现病史、个人史、家族史等因素。评估方法主要包括访谈法、观察法和量表评估法。

一、评估内容

（一）一般资料

包括姓名、性别、年龄、民族、籍贯、学历层次等。

（二）主诉

主要症状及病程（即就诊的主要原因）。

（三）NSSI现病史

应按照患者实施NSSI的时间先后顺序进行评估，主要包括以下内容：

1.实施NSSI的相关因素

询问个体一般在什么情况下会实施NSSI，以及当时的心理、社会因素，有无明显诱因；自己对待NSSI行为的看法、心理感受等。尤其需要注意的是，个体对自身发生NSSI行为的看法（即动机）在整个NSSI发生、发展及后期干预与治疗中发挥了非常重要的作用。评估者在评估的过程中，应详细了解。细分来看，NSSI行为的动机包括发生这一行为能给个体带来什么"好处"，是"情绪的缓解？""获得父母的关注？""逃避某些不愿面对的任务？"……个体对行为的发生是否存在动摇的心理，"感到后悔""毫不后悔""就是要通过这种方式应对父母"……所有这些详细深入的评估信息是后期进行治疗干预的切入点，也是更好理解个体实施NSSI行为的过程。

2.NSSI的时间跨度及演变过程

一般来说，NSSI发生比较隐匿，在初期发生时，儿童、青少年常常瞒着家长与老师，在发展到一定时间后，NSSI出现的频率越来越高时，容易被家长、老师及同学发现。在评估的过程中，可按时间先后顺序，逐年、逐月进行询问。主要询问的内容包括：发病前的正常状况是如何的、刚开始发病时的主要症状是什么（有无相关诱发因素）、症状持续的时间有多久、个体的心理想法及应对方式如何、是否去就诊/服药、有无使用毒品的经历等。此外，还应进一步了解病程的进展是如何的，对学业、社会功能和自理能力等造成了何种影响。了解发病期前的正常情况有助于评估者对个体当前情况进行比较，更好地对当前行为作出判断；评估个体是否有毒品使用的经历则是为了排除物质滥用造成的精神疾病，这有助于指导后期的治疗。

3.NSSI的具体内容

重点评估个体在实施NSSI行为时，是否有自杀的想法（即发生自伤行为时，是否出现想要结束自己生命的想法，是否认为自己是多余的人，不该存在这个世界上等想法）、是否实施过自杀（如跳楼、服毒等）。同时应评估个体是否实施过NSSI、实施NSSI的频率、有无具体的生活事件诱发、NSSI具体采取什么样的行为方式、患者自身是否尝试控制避免实施NSSI、实施NSSI后感受如何、怎么看待自己实施NSSI的行为、是否仍有NSSI的想法、具体的计划是什么等。详细、全面了解患者实施NSSI的信息，一方面能够更好地了解患者心理经过，另一方面能够指导医务人员针对患者潜在的NSSI行为风险进行及时预防与干预，同时患者对待NSSI行为的认知和态度也是后期心理治疗的重要突破点。

4.心理状况

实施NSSI行为的患者大多存在病态的心理体验，因此还应重点评估患者是否存在抑郁情绪、失眠烦恼，日常的认知模式是什么样的等。如了解患者是否出现没有原因的食欲低下、兴趣下降、认为自己是没有价值的人，是否出现失眠、早醒（时间、频率、想法）等情况，与患者沟通的过程中，也应根据患者的谈话内容大致判断患者是一个积极应对还是消极应对日常生活、工作的性格，这种态度在一定程度上反映出个体在面对压力事件时可能采取的应对方式。

（四）个人史

重点应了解患者的个人性格特点、兴趣爱好、平时情绪是否稳定、成长经历（是否经历过重要的家庭变故、与父母的关系如何、有无与父母分离的经历、童年期是否遭受过虐待、父母婚姻是否发生变故等）、在校学习的情况与品行（包括学业成绩、与老师/同学的关系、有无要好的朋友、是否出现过违反校纪校规等）、近期是否经历过重大事件（如重要关系人去世）、是否身患慢性疾病、身边同学/朋友是否有人实施自杀/自伤等，此外对青春期的患者还应了解其发育过程以及自身对青春期发育的接纳度。

（五）家族史

包括父母的职业、性格特点，整个家庭的结构、经济状况、社会地位，家庭成员之间的关系，特别是父母间的关系、患者与父母间的关系，患者成长过程中发生过的特殊事件（如家里是否有近亲发生过自伤、自杀行为），家里是否有亲人患精神疾病等。

二、评估方法

（一）访谈法

1.适用场景

访谈法是心理评估中的常用方法，也是心理工作者的必备技能。访谈法在NSSI的评估中应用非常广泛。访谈的对象通常是患者本人、患者亲属、与患者关系亲近的朋友或同学。

访谈根据患者治疗的不同阶段侧重点可有所不同。在患者治疗初期，需要进行全面、综合的访谈，访谈对象多为患者本人。在访谈患者本人的基础上，为了保证访谈收集的资料客观、准确和全面，还应对患者关系中的重要他人补充访谈。如某些患者属于内倾人格，凡事只愿与最亲近的人交流。在评估这类患者时，尤其需要与他们最亲近的人进行访谈，方能保证资料的客观、全面。需要特别注意的是，评估儿童NSSI时，由于访谈对象年纪较小，提供的信息难免存在遗漏，因此访谈评估时多需要访谈患者的父母、老师、亲密的同学或朋友来补充信息。

NSSI的访谈内容包括：患者成长的环境（家庭环境、文化背景、经济状况、成长经历等）、患者的应对方式、家庭主要成员的心理/身体健康状况、自身对实施NSSI的看法等。通过访谈，能大致了解患者的性格特点、日常生活态度和认知模式等，还可以了解患者对自身发生NSSI的认知程度、对NSSI治疗的期待与配合度、对亲友给予的社会支持系统的感知度、日常应对方式等，提炼出可能影响患者实施NSSI的因素（包括应对方式、社会关系等）。另外，访谈中，患者关系中的重要他人对患者的评价、成长经历的描述以及给予的支持程度等也是访谈的重要内容。

从访谈的结构来看，访谈可以是全开放的自由访谈，也可以是根据治疗需要开展的半结构式或结构式访谈。自由访谈无固定主题，根据访谈时现况进行调整，如"你怎么看待你手臂留下的疤痕？"，被访谈对象自由地表达自己想法后，访谈者再结合被访谈对象的回答进一步提问。半结构式访谈则根据需要事先拟定访谈的纲要，访谈者根据访谈纲要对患者提问，患者在回答访谈纲要的问题时可适当展开回答。结构式访谈则是被访谈对象完全按照访谈者事先拟定的问题进行回答。常见的关于NSSI的结构式访谈评估工具包括自杀未遂自伤访谈（suicide attempt self-injury interview, SASII）和自伤意念与行为访谈（self-injurious thoughts and behaviors interview, SITBI）。SASII的主要目标是全面评估与自杀企图和NSSI相关的多种因素，同时对患者的自伤行为进行判别，分析自伤行为具体是NSSI、矛盾型自杀企图、非矛盾型自杀企图还是自杀未遂。SITBI共有169个项目，包括自杀意念、自杀计划、自杀姿态、自杀企图和NSSI 5个方面，主要是评估自伤行为是否存在、发生频率及行为特征。该工具既可以用于评估青少年，也可以用于评估成年人；如果评估青少年时，其父母在场，也建议采用此工具对其父母进行评估，以验证评估内容的一致性。虽然SITBI只是初步对NSSI进行评估，但不可否认，该工具对临床工作具有一定作用。

2.访谈的技巧

访谈者在访谈中的专业能力和技巧运用对访谈有着重要作用。巧妙的运用访谈技巧，既有助于建立良好的治疗关系，也能使访谈达到事半功倍的效果。

首次访谈时，访谈者有必要简单介绍一下自己，并根据对方的年龄，确定恰当的称呼，避免引起不适，也有助于建立信任的治疗关系。由于儿童NSSI的评估中，访谈对象大多为学生，针对小学生、中学生不同身份的对象，应注意用语的准确性、恰当性，避免使用过于专业的词语，造成理解的困难。如针对小学生，用语应更加贴近生活，通俗易懂。在初次访谈中，还应对来访者可能出现的担忧保持敏感。如来访的学生可能会想"这个人能帮我吗？""我告诉他，会被父母知道吗？""他会怎么看待我的行为"等。因此，尽可能地识别这些担忧，并尽早与访谈者建立好良好的治疗关系，让对方明白你是去帮助他。如"你有所担心并不奇怪，毕竟我们并不相识。不过没关系，我们一起努力，这就是我们互相了解对方的机会……"获得对方信任对评估非常重要。

此外，在访谈过程中，还应注意做好倾听。虽然患者实施自伤，但在大多患者看来，行为本身是羞愧的，患者可能羞于表达而不愿暴露内心想法。因此，在访谈的过程中，注意让患者放松下来，当察觉到患者有所顾虑时，予以鼓励和支持，并诚恳、专心、耐心地倾听患者的表述，抓住其中的关键信息。倾听过程中注意避免流露出反对、厌恶的表情，适当共情，适时点头或予以眼神示意理解。如果患者离题太远，可以通过提问，帮助患者回到主题。在评估过程中，应留给患者足够的时间描述自己的情况和内心痛苦，避免唐突的打断丧失对方的信任而影响评估和后期的治疗。在倾听过程中，若感知到患者有些想法不便说出来但又非常重要时，评估者可以采取代述的方式表达出来，并与患者进行确认。另外，恰当运用肯定技术，能适当拉近医患之间的距离。肯定患者的真实感受，向患者表明理解他所叙述的感觉，接纳而不是否定，有助于医患间的沟通。

（二）观察法

1.适用场景

适用于个体行为在特定情景发生时的表情、动作、行为的评估。甚至在患者试图掩饰部分情绪状态时，能使观察者随时获得患者身心状态的基本、真实资料。与访谈法、量表法相比，观察法对患者的配合度要求低。尤其对于不愿暴露内心真实想法的患者，观察患者的言行举止、性格特征、与家人的相处模式、对事物的应对方式、对疾病的认知态度等能够为NSSI的评估提供较为丰富的信息。观察的内容主要包括患者和照顾者两部分，患者部分包括其表情、眼神、姿势、说话方式与交流方式、穿着等，照顾者部分包括照顾者的情绪、态度、照顾过程中与患者的相处模式等。但是由于观察法没有限定的内容和具体操作的标准，对观察者本身的评估经验和能力要求较高。

2.技巧

首先，在实施观察法时，应根据需要观察的目标选择合适的观察方法。明确是需要进行连续性观察还是单次观察，是否有必要进行隐蔽的观察等。比如，在评估一个非常抗拒交流的患者时，我们可以通过采取自然的"第三只眼睛"去观察患者与家属在住院期间相处的模式、出现矛盾时患者的应对方式、情绪反应、家属的情绪反应等。应该明确的是，观察是在没有先决假设条件下进行的评估和解释，因此评估者应确保不受主观的判断影响，力争结论客观、准确。在某些必要的时候，我们的观察可能并没有事先告知患者，虽然我们不直接告诉患者，但如果有人问起来，观察者可以告知相关人员。此外，在观察中，观察者应根据事先明确的观察指标（如观察期限、观察次数、间隔时间、总的持续时间等）进行观察。

观察者应根据自己观察到的内容进行客观的记录与描述。常用的记录方法包括：叙述性记录和事件性记录。叙述性记录顾名思义就是通过笔记方式，也可按时间顺序采用简表进行记录。此法便于记录所观察的行为的具体情况。例如，记录"××　1小时内用铅笔戳手臂3次"（描述性记录）。事件性记录是针对某一观察时间段内，目标行为或事件的发生频率。如：因为某个问题，患者与母亲在病房内发生率一次激烈的争吵，患者采取了哪些行为（具体描述这一时间及相应的反应）。

（三）量表评估法

1.适用场景

与访谈法、观察法不同，前述两种方法对NSSI的评估结果主要是定性的，量表评估法多是定量的评估。此外，访谈法主要是对个体进行的生理、心理、社会的全面评估，在一些重点内容的评估时，若能增加量表评估法进行补充，能够保证对NSSI的评估更加全面、准确、客观。比如，护士通过访谈法了解到患者存在NSSI的行为，也评估了解了患者具体实施的策略、频率，但因为访谈法需要进行生理、心理和社会的全面评估，一方面若继续深入详细的评估会耗时太长，另一方面可能因为初次评估时询问过于详细，引起患者不愿吐露心声的反感。这时候，评估者在评估出个体有NSSI行为后，通过量表，聚焦要了解的重点，或者直接采用患者自评的量表，则有助于更好地获取信息。

常用的NSSI量表评估法主要聚焦在三个方面：综合评估、功能评估和行为评估。综合评估多与访谈法相结合（详见访谈法），而功能评估与行为评估则多采用定量评估。所谓功能评估，即了解自伤行为背后的原因与动机，通俗讲就是发生自伤行为在自伤者本人看来有什么"好处"。常见的功能有2种，一种是向内的，即实施者对自己进行的情绪管理；一种是向外的（即社交的或人际的），通过自伤行为对他人产生影响或控制。功能评估的常用量表评估工具为自伤功能性评估，该工具主要评估NSSI的方法、频率与功能，分为行为清单和动机清单两部分。行为评估则是重点对个体自伤史行为的评估，包括自伤的方法、频率、部位和实践，不涉及其他内容，常用的工具包括蓄意自伤量表、自伤问卷，有关问卷评估单相关内容详见本章第二节。

2.量表评估法存在的不足

量表评估法相较访谈法与观察法而言，因有标准的评估内容、统一的指导语而更便于评估者操作。但在评估过程中，常常因为设定的内容过于限制，而无法获得所关注问题的全面信息，且由于评估过于依赖量化的标准，在某些时候操作起来反而更加困难。

我们从上面介绍的3种评估方法可以发现，每种评估方法有其自身的优势与使用情景，在实际工作中，并没有哪种方法是最优的选择，评估者在临床工作中，应结合评估的实际情况将访谈法、观察法与量表评估法相结合，方能在NSSI的评估中获得全面、客观、准确的信息，而全面、客观、准确的信息也将指导下一步临床工作的方向。

第二节 评估工具

近年来，NSSI的人数越来越多，典型的自伤行为有故意割伤、故意烧伤等，这些行为比较明显，容易被发现和觉察；但有一些自伤行为却比较隐蔽，可能隐藏在一些事故当中，比如咬伤唇部、故意从高处跌落、故意撞击家具的边缘等；且有的人很难表达自己的经历，害怕自己的经历被感知，因此不愿向专业人士暴露自己的自伤经历，所以临床上非常需要一套有效的量表来筛查和评估NSSI行为。量表评估是一种系统的、客观的、有效的、通常具有成本效益的、有时还是收集个人相关信息的参考手段。近年来，随着对青少年NSSI现象定义和理解的不断深入，为系统地评估和监测青少年NSSI提供了新的机会。

使用标准化、有效的评估量表来评估NSSI是一种成本低、效益高的方法，可以可靠的方式、格式获得系统、客观、高质量的信息，从而为临床治疗和结果监测提供依据。研究结果表明，青少年的NSSI可以很快从几个孤立的事件演变为具有成瘾性质的重复行为；因此，NSSI的早期筛查很重要，将有助于对NSSI行为的初步检测，促进早期干预。其次，由于一些自我伤害的个人可能对其自我伤害的功能没有完全的理解，或者没有能力阐明他们的自我伤害的功能，通过专业量表围绕自我伤害事件的背景和行为潜在功能的评估，可以将病例概念化和治疗计划得到加强，并且有利于治疗者和自伤者之间关系的建立。最后，标准化的量表化衡量标准通常可以提供比较客观的行为标准，拥有规范的比较数据有助于临床医生估计患者自我伤害的严重程度，并有助于解释和应用经验性文献对患者进行治疗；同时，从正式评估中获得的数据也可以作为检查治疗进展的可靠基线。

中文版自伤量表/问卷

一、青少年自我伤害问卷

（一）概述

1.原问卷介绍

原问卷为自残功能性评估问卷（the functional assessment of self-mutilation，FASM），是由Lloyd、Kelley和Hope等人于1997年编制而成，该问卷的条目最初是由自我伤害行为研究的文献综述发展而来，后来邀请大量自我伤害的门诊患者为其进行补充，直到不再有任何新增内容最终确定的。该问卷采用自我报告法测量自伤行为的实施方式和行为功能，因此，该问卷的所有条目都反映的是自伤患者既往有过的行为，并且与既往研究结果一致。

　　该问卷包括11种潜在的自我伤害的方式和22种可能的原因。第一部分展示了11种潜在的自我伤害方式的清单，并要求受试者指出过去一年内从事过哪些行为。这一部分的条目分成了两个可靠识别的领域："轻度"（例如，抓伤）和"中度/重度"（例如，割伤）行为。并且受试者还会指出他们的每种行为发生了多少次，以及他们是否对其中任何一种行为进行了治疗。第二部分提供了一份22条的可能自我伤害的原因，受试者从"从不"到"经常"的等级对其进行评分。

2.中文版量表介绍

青少年自我伤害问卷是由郑莺、江光荣以FASM为基础，通过对30多名自伤中学生的开放式访谈，根据访谈结果进一步修订、编制中学生自伤行为调查问卷。该问卷分为两部分，包括自我伤害方式和自我伤害功能评估量表。自我伤害方式量表采用4点计分，任何项得分大于0，即可视为有自伤行为；自我伤害功能评估量表共4个维度，分别为力量显示、自我管理、刺激寻求、人际控制，各因子间α系数 0.83、0.86、0.78、0.83，总量表的α系数0.92。

冯玉于2008年在中学生自伤行为调查问卷的基础上进一步修订而成青少年自伤行为量表，是目前国内最广泛使用的自伤行为量表。

（二）信效度

该量表的内部一致性信度α系数为0.85。从效标效度指标来看，采用庄荣俊编订的"国民中学学生自我伤害问卷"作为效标，自伤行为量表总分与抑郁孤独分量表、攻击违纪分量表、行为改变分量表、自残自伤分量表和退缩逃避分量表的相关系数分别是：0.418、0.354、0.414、0.632、0.292。另外，自伤行为量表总分与总量表有显著的相关$r=0.507$。从聚合效度指标看，以边缘性人格障碍量表作为聚合效度指标，计算自伤行为量表总分和边缘性人格障碍总分有显著相关$r=0.485$。从区分效度指标看，以社会称许性量表作为区分效度的指标，自伤行为的得分与社会称许性的相关系数是-0.189。

（三）量表内容及实施方法

该量表共包括 18 个条目。评估方式为：自伤行为=次数×伤害程度。次数等级为4级：0 次、1 次、2~4 次和 5 次以上；身体伤害程度分为5 个等级：无、轻度、中度、重度和极重度，"无"代表对身体没有任何损伤，"极重度"是指对身体的伤害程度达到需要住院治疗，"轻度""中度""重度"依次居于"无"和"极重度"两者之间。

（四）适用范围及应用情况

该量表主要应用于青少年，不论是一般群体还是精神科群体，并且更适用于中国青少年。除了对青少年自伤行为及动机进行调查外，还可以对影响青少年自我伤害的原因进行分析。并且该量表是一个非常经济实惠的量表，因为它很简短（需要大约5分钟完成）。但该量表尚未用于治疗结果研究，所以尚不清楚它对检测治疗变化是否敏感。并且也没有应用于成年人。

（五）量表

指导语：你曾在没有自杀动机的情况下，故意地（而非意外/偶然）做出过以下行为吗？

填写方法：根据"你过去生活中曾发生的行为"的描述，若客观存在，请填写发生的大概次数（0次、1次、2~4次、5次以上），接着填写这一行为对你身体的伤害程度（无、轻度、中度、重度、极重度）。其中，"无"代表对身体没有任何损伤，"极重度"是指对身体的伤害程度达到需要住院治疗。请你在相应的格子中打"√"（表3-2-1）。

表3-2-1　青少年自我伤害问卷

你过去生活中曾发生的行为	发生的次数				对身体的伤害程度				
	0次	1次	2~4次	5次以上	无	轻度	中度	重度	极重度
1.故意用玻璃、小刀等划伤自己的皮肤									

续表

你过去生活中曾发生的行为	发生的次数				对身体的伤害程度				
	0次	1次	2～4次	5次以上	无	轻度	中度	重度	极重度
2.故意戳开伤口，阻止伤口的愈合									
3.故意用烟头、打火机或者其他东西烧/烫伤自己的皮肤									
4.故意在身上刺字或图案等（文身为目的的除外）									
5.故意把自己的皮肤刮出血									
6.故意把东西刺入皮肤或插进指甲下									
7.故意用头撞击某物，以致出现淤伤									
8.故意拔自己的头发									
9.故意用手打墙或玻璃等较硬的东西									
10.故意猛烈地乱抓自己，达到了有伤痕或者流血的程度									
11.故意用针、钉子或其他东西把身体某一个部分扎出血									
12.故意把皮肤擦出血									
13.故意捶打自己以致出现淤伤									
14.故意用绳子或其他东西勒自己的手腕等部位									
15.故意让他人打自己或者咬自己，以此伤害自己的身体									
16.故意在没有生命危险的情况下让自己触电									
17.故意咬自己以致皮肤破损									
18.故意在手里点火或触摸火焰									
若你还有哪些故意伤害自己的方式没有在此问卷中提及，请写出来									

二、自伤陈述量表

（一）概述

1. 自伤陈述量表介绍

自伤陈述量表（inventory of statements about self-injury，ISAS）由 Klonsky和Glenn编制，分为行为和功能两个部分。行为部分发表于2008年，可以分为测量割伤、严重抓伤、咬伤、打砸自己、烧伤、重复弄伤己经开始愈和的伤口、自己文身、在粗糙表面反复摩擦自己的皮肤、夹伤、用针刺自己、拉扯头发、吞下危险的物品，12种自伤行为发生的频率，以及被试自我伤害时所采用的主要自伤方式；第一次自伤发生的年龄，最近一次自伤的时间；自伤行为的惯用方式的调查，包括自伤发生时是否是一个人、从自伤冲动到实施所间隔的时间、是否想要停止自伤行为、自伤时是否感觉到疼痛。功能部分发表于2009年，一共包含39个功能项目，13种功能分别是情绪调节、人际界限、自我惩罚、自我照料、对抗分离/感觉产生、对抗自杀、感觉寻求、同伴联结、人际影响、展示强大、表明痛苦、报复、自主性。

2.中文版量表介绍

中文版量表（中学生行为调查问卷）是由卢玉佳于2019年在ISAS的基础上进行翻译和校对，确定量表题目，然后将修订后的量表在中学生中进行调查，一共进行了三次施测，最终修订完成结构较为稳定，信度和效度良好的中文版量表。

（二）信效度

自伤陈述量表内部一致性信度为0.902，重测信度为0.952；自伤陈述量表内容效度良好；自伤陈述量表与米氏边缘性人格检测表（MSI-BPD）、青少年生活行为问卷、情绪自评量表（DASS-21）等校标量表均有显著的相关。

（三）量表内容及实施方法

该量表由两部分组成，第一部分为行为，一共7题，包含自伤常见的12种行为方式以及频率的自评，以及自伤行为的惯用方式等；第二部分为功能，包含自伤行为的13种功能，即情绪调节、人际界限、自我惩罚、自我照料、对抗分离感（感觉产生）、对抗自杀、感觉寻求、同伴联结、人际影响、展示自己的强大、表明痛苦、复仇、自主性；总共39个题项组成，采用Likert5级评分从"非常不符合""比较不符合""不确定""比较符合"到"非常符合"。

（四）适用范围及应用情况

自伤陈述量表可以对自我伤害的特征和功能进行全面的评估，能够为治疗提供一定 的参考意义。该量表使用较方便，耗时短，评估时长5~10分钟可完成。

（五）量表（表3-2-2）

表3-2-2 中学生行为调查问卷

指导语：在日常生活中，不少学生曾有过伤害自己的行为。为了了解这些行为的普遍性，我们编制了本问卷。做出这些行为不代表你心理有问题，请根据自己的实际情况如实回答。

第一部分：行为

性别：	年龄：
请只选择你有意（或故意）做出的并且没有自杀情绪的行为的选项	
1.请评估你的生命中有多少次有意（或故意）实施不同种类的无自杀倾向的自伤行为（例如：0、1、2、3、5、10、100等）	
割伤	严重抓伤
咬伤	打砸自己
自己文身	重复弄伤已经开始痊愈的伤口
夹伤	在粗糙表面反复摩擦自己的皮肤
拉扯头发	用针刺自己
其他	吞下危险的物体

续表

注意：如果你曾有过以上行为，请完成这份问卷表余下部分。如果你没有过上述行为（即全部填写0次），请跳过第一部分余下2至7题及第二部分，填写这份问卷的第三、第四、第五部分

2.如果你有主要的自伤形式，请在前一个问题的选项中圈出你认为你最主要的自伤形式

3.你是从几岁开始：第一次自伤   最后一次自伤

4.在自伤行为过程中感到过疼痛吗？   □是   □否

5.自伤行为发生时，你身边有其他人吗？   □是   □否

6. 一般来说，从你有自伤的冲动到你真的开始实施自伤的行为，中间大概间隔多长时间？
□<1小时 □1～<3小时 □3～<6小时 □6～<12小时 □12～24小时或>1天

7.你想要停止自伤行为吗？   □是   □否

第二部分 功能

请根据你的实际情况在你要选择的数字上打"√"。（"0"：完全不符合；"1"：比较不符合。"2"：不确定。"3"：比较符合。"4"：非常符合）

当我伤害自己时，我是——	完全不符合	比较不符合	不确定	比较符合	非常符合
1.为了使自己平静下来	0	1	2	3	4
2.为了在我和他人之间创作出界限感	0	1	2	3	4
3.为了惩罚自己	0	1	2	3	4
4. 为了给自己机会来照顾自己（比如可以自己处理疼痛的伤口）	0	1	2	3	4
5.为了制造疼痛好让自己不再麻木	0	1	2	3	4
6.为了避免产生自杀的冲动	0	1	2	3	4
7.为了通过伤害自己来制造兴奋感	0	1	2	3	4
8.为了和同龄人产生联结	0	1	2	3	4
9.为了让其他人知道我感情上疼痛的程度	0	1	2	3	4
10.为了看自己是否能够承受这种疼痛	0	1	2	3	4
11.为了通过身体上的记号来证明我感觉很糟糕	0	1	2	3	4
12.为了报复他人	0	1	2	3	4
13.为了获得自我满足感	0	1	2	3	4

续表

14.为了释放内心不断积累的情绪压力	0	1	2	3	4
15.为了显示出自己的与众不同	0	1	2	3	4
16.为自己毫无价值或愚蠢，表达对积极的愤怒	0	1	2	3	4
17.因为造成的身体伤口比情绪上的疼痛更容易治愈	0	1	2	3	4
18.相当于什么都感受不到，想要让自己有感觉，哪怕使身体上的疼痛也好	0	1	2	3	4
19.为了应对自己并不打算实施的自杀念头	0	1	2	3	4
20.通过极端方式取悦自己或他人	0	1	2	3	4
21.希望融入他人	0	1	2	3	4
22.从他人处求得关心或者帮助	0	1	2	3	4
23.展示自己很坚强或强壮	0	1	2	3	4
24.向自己证明情绪上的疼痛是真的	0	1	2	3	4
25.为了向他人复仇	0	1	2	3	4
26.为了展示自己不需要依赖他人的帮助	0	1	2	3	4
27.为了减轻焦虑感、挫败感、愤怒感或者其他一系列激烈的情绪	0	1	2	3	4
28.为了在自己和他人之间建立一个屏障	0	1	2	3	4
29.为了回应自我不满或自我厌恶的感觉	0	1	2	3	4
30.为了让自己可以集中精神在治疗伤口上，从而获得满足感	0	1	2	3	4
31.为了保证自己有还活着的感觉，特别是感觉不真切的时候	0	1	2	3	4
32.为了阻止自己自杀的念头	0	1	2	3	4
33.为了挑战自己的极限，和其他的诸如跳伞等极限运动类似	0	1	2	3	4
34.为了作为朋友或爱的人之间感情的见证	0	1	2	3	4
35.为了阻止所爱的人离开或抛弃自己	0	1	2	3	4
36.为了证明自己可以接受身体上的疼痛	0	1	2	3	4
37.为了强调自己症状经受的情绪上的痛苦	0	1	2	3	4
38.为了伤害自己身边亲近的人	0	1	2	3	4
39.为了显示自己是独立的	0	1	2	3	4

续表

（选做题）在下面空白处，请详细列出比上述描述更能表达你自己感受的句子：

_____

（选做题）请在下面空白处，列出你认为可以加入表中的描述，无论这感受是否是你自己体验过的。

_____

第三部分　边缘性人格（部分）

说明：下面是一些有关个人态度和特点的叙述。请在与你相符的方格中"√"。

1.你是否有过一些亲密的关系，并因经常争吵或反复分手而困扰？	是	否
2.你是否故意地伤害过自己的身体（例如：戳伤自己、割伤自己、烧伤自己）或试图自杀？	是	否
3.你是否有过至少两种冲动性行为（例如：暴食、疯狂购物、酗酒、言辞过激）？	是	否
4.你是否曾有极度的情绪不稳？	是	否
5.你是否经常感到愤怒、嘲讽的行为表现？	是	否
6.你是否经常不信任他人？	是	否
7.你是否经常有不真实感或觉得周围的事物好像是不真实的？	是	否

第四部分　青少年自伤行为问卷（部分）

说明：请对照下面的问卷检查"过去6个月内你曾有过的行为"。若一项行为客观存在，请填写发生的大概次数（0次、1次、2~4次、5次以上），接着填写这一行为对你身体的伤害程度（无、轻度、中度、重度、极重度）。其中，"无"代表对皮肤没有任何损失，"极重度"是指对身体的伤害程度需要住院治疗。如果发生次数为"0"，则不需要填写伤害程度。请在相应的格子中打"√"。

在过去6个月内你曾有过的行为	发生的次数				对身体的伤害程度				
	0次	1次	2~4次	5次以上	无	轻度	中度	重度	极重度
1.故意用玻璃、小刀等划伤自己的皮肤	0	1	2~4	≥5	无	轻度	中度	重度	极重度

续表

在过去6个月内你曾有过的行为	发生的次数				对身体的伤害程度				
	0次	1次	2~4次	5次以上	无	轻度	中度	重度	极重度
2.故意戳开伤口，阻止伤口的愈合	0	1	2~4	≥5	无	轻度	中度	重度	极重度
3.故意用烟头、打火机及或者其他东西烧/烫伤自己的皮肤	0	1	2~4	≥5	无	轻度	中度	重度	极重度
4.故意在身上刺字或图案等（纹身为目的的除外）	0	1	2~4	≥5	无	轻度	中度	重度	极重度
5.故意把自己的皮肤刮出血	0	1	2~4	≥5	无	轻度	中度	重度	极重度
6.故意把东西刺入皮肤或插进指甲里	0	1	2~4	≥5	无	轻度	中度	重度	极重度

第五部分　情绪自评量表

说明：下面将评估你近期的情绪状况，请根据你最近一周的感受进行选择。请在与你相符的方格中"√"。

	从不	有时	经常	总是
1.在过去一周里：我觉得很难放松	0	1	2	3
2.在过去一周里：我会感到口感舌燥	0	1	2	3
3.在过去一周里：我好像不能再有任何快乐的感觉	0	1	2	3
4.在过去一周里：我感到呼吸困难（没做运动也感到气短或透不过气来）	0	1	2	3
5.在过去一周里：我很难主动开始工作	0	1	2	3
6.在过去一周里：我会对事情过于敏感	0	1	2	3
7.在过去一周里：我会不自觉地颤抖（例如手颤抖）	0	1	2	3
8.在过去一周里：我觉得自己消耗很多精神	0	1	2	3
9.在过去一周里：我总是担心某些场合自己会出丑	0	1	2	3
10.在过去一周里：我觉得对将来没有什么可盼望的	0	1	2	3
11.在过去一周里：我觉感到忐忑不安	0	1	2	3
12.在过去一周里：我感到很难放松自己	0	1	2	3

续表

	从不	有时	经常	总是
13.在过去一周里：我感到忧郁沮丧	0	1	2	3
14.在过去一周里：我无法容忍任何阻止自己继续学习的事情	0	1	2	3
15.在过去一周里：我感到快要惊慌失措	0	1	2	3
16.在过去一周里：我对什么事情都提不起兴趣	0	1	2	3
17.在过去一周里：我觉得自己没有价值	0	1	2	3
18.在过去一周里：我很容易被激怒	0	1	2	3
19.在过去一周里：没什么运动或劳动的时候，我也能感到心律不正常	0	1	2	3
20.在过去一周里：我会无缘无故地感到害怕	0	1	2	3
21、在过去一周里：我认为生命毫无意义	0	1	2	3

三、渥太华自我伤害调查表（中文版）

（一）概述

渥太华自我伤害调查表（ottawa self-injury inventory，OSI）是 Cloutier 和 Nixon 等在 the Queen's self-injury questionnaire（Epstein，personal communication，1998）的基础上，根据文献的全面回顾和临床经验修订而来，再由张芳等对OSI进行翻译、校对并修改。

（二）信效度

1.信度

NSSI 想法、行为条目的Cronbach's α 系数分别为0.942和0.924。首次自伤原因条目的Cronbach's α 系数为0.952，其内在情绪管理、社会影响、外在情绪管理和寻求刺激4个因子的Cronbach's α 系数为 0.637～0.896，成瘾特征条目的Cronbach's α 系数为0.824。

2.结构效度

对包含 29 个条目评估最初实施 NSSI 行为原因的分量表进行探索性因子分析（主成分分析，方差极大旋转法）得到6个因子成分，其累计方差为75.0%，Kaiser-Meyer-Olkin（KMO）值为0.755。第6个成分由"没有原因就是有时发生""从不想做的事情中摆脱"和"摆脱孤独和空虚"组成，从理论上，其中后2个条目可以分别归到第2和第1成分中，因此舍弃第6个因子，改为五大主成分因子，代表五大自伤原因。各个条目在其所在因子成分中的因子负荷为0.460以上。此外，各个条目得分与其所在因子得分之间的相关性较大（$r \geq 0.639$），但与其他因子的相关性较低。

（三）量表内容及实施方法

该量表为自评量表，由28个条目组成，其中第 14、15 条目为首次当前自伤功能评定。该量表将原OSI条目4中的"急诊室过夜"和"住院治疗"合并为"在医院住院治疗"；将条目8的第 5、6、7、8 四个选项分别提到的"在医疗机构或非医疗机构听说或看到自伤行为"，合并修改为"在现实生活中从他人处听说过相关内容"和"看到他人实施自伤"2个选项；条目29中的家庭治疗补充解释为"你和父母共同参加的心理治疗"；因原条目29（为了性兴奋）和条目30（令性觉醒感觉降低）对中国青少年可能不适用，而对其删除。

采用Likert 2级（是，否）和5级（0，1，2，3，4）评定方式。

（四）适用范围及应用情况

OSI是评估NSSI行为较全面的评估工具，不仅包括 NSSI 行为想法和实际行为的频率、自伤方式和部位，还涉及自伤释放消极情感的作用和抵制自伤行为采取的方式和寻求治疗的情况。在评估实施自伤原因即功能学评估方面，OSI也具有一定的优势，评定范围较广，包含情绪管理、人际影响、抵抗自杀、抵抗解离、自我惩罚、寻求刺激和成瘾特征等多个方面。

用于评定最近 1、6、12 个月 NSSI 和自杀的发生频次，首发年龄，自伤意念来源及其隐匿性，自伤冲动的感受，首次和当前自伤的部位、方式和动机，自伤对释放消极情感的作用，自伤意念与实施行动间的时间间隔，自伤与压力事件的相关性，潜在的成瘾特征和抵抗策略以及寻求治疗等内容。

但其缺点是它不确定是否对治疗变化表现出敏感性，且评估时间比较长，约20分钟。

（五）量表（表3-2-3）

表3-2-3　渥太华自我伤害调查表（中文版）

姓名：　　性别：　　得分：　　调查日期：　　年　月　日

1. 你是否实施过不是想自杀的自我伤害行为？请根据你自身实际情况，选择自伤行为的频率

【说明】自我伤害行为是自己伤害自己身体的行为。主要包括切割、伤害性搔抓、烫伤、啃咬、非运动性或娱乐性地击打、扎伤身体、拔头发、用力啃咬指甲或伤害指甲、刺伤身体、撞头、服用非法药物、过量服用药物、服用小剂量药物（不是为了治病）、吞下或喝下不能吃的东西、试图打断骨头等

（1）过去1月中你有几次自伤行为？
　　□从未有过　□至少1次　□每周1次　□每月1次
（2）过去6月中你有几次自伤行为？
　　□从未有过　□至少1次　□每周1次　□每月1次
（3）过去1年中你有几次自伤行为？
　　□从未有过　□至少1次　□每周1次　□每月1次
（4）1年前你有几次自伤行为？
　　□从未有过　□至少1次　□每周1次　□每月1次

2. 你是否曾经做过自杀的尝试？
　　□是　　　　□否
如果有，请在以下相应的时间段内表明次数：
（1）过去1月中：
（2）过去6月中：
（3）过去1年中：
（4）在1年以前：

续表

3.你是否在故意自伤后去医院急诊或门诊接受过治疗？（如缝合伤口、伤后敷药等）

　　□是　　　　□否

如果有，过去1年中你因故意自伤就诊多少次？

4.你是否因为故意自伤而住院治疗过？

　　□是　　　　□否

如果有，过去1年中你因故意自伤在医院住院治疗过多少次？

5.你第一次自伤是几岁？

6.你第一次自伤的想法来源于何处？

　　□我在一个网站上看到相关内容

　　□我在一个网络博客中看到相关内容

　　□我在一本书或者杂志上看到相关内容

　　□我在一部电影或电视中看到了自伤行为发生

　　□我在现实生活中看到了其他人进行自伤行为（请列出）

　　□我在现实生活中从其他人处听说过相关内容（请列出）

　　□是我自己想出来的

　　□其他来源（请列出）

7.当你有伤害自己的冲动时，这些冲动会给你什么感觉？

（1）这种冲动往往让我感觉痛苦或混乱

　　　□完全没有　□稍微有点　□有一些　□大多数　□极为明显

（2）这种冲动让我感觉舒适

　　　□完全没有　□稍微有点　□有一些　□大多数　□极为明显

（3）这种冲动是侵入性的或有攻击性的

　　　□完全没有　□稍微有点　□有一些　□大多数　□极为明显

8.你只在使用毒品或喝酒后才会自伤吗？

　　□是　　　　□否

9.你会让别人知道你有自伤吗？

　　　□没有人知道　　　□有几个人知道　　　□大部分人都知道

续表

10. 你告诉了谁？（可多选）
  □朋友
  □家庭成员
  □心理医生/精神科医生
  □老师
  □其他心理健康专家
  □电话求助
  □学校心理咨询师
  □其他（请说明）

11. 你最初有自我伤害行为（不是想自杀的伤害）时，你伤害了自己身体什么部位？哪个部位是最常被伤害的？请勾选所有被伤害过的部位，在你最常自我伤害的一个部位后写"1"

□头发	□胸部	□上臂或臂肘
□眼睛	□乳房	□下臂或腕部
□耳朵	□后背	□手
□脸颊	□肩部	□大腿或膝盖
□鼻子	□腹部	□小腿后踝部
□嘴唇	□臀部	□脚或脚趾
□嘴内	□生殖器	□其他
□脖子	□肛门	

12. 如果你当前（指过去1个月内）仍有自我伤害行为（不是想自杀的伤害），那伤害了身体的什么部位？请勾选所有被伤害过的部位，在你最常自我伤害的一个部位后写"1"

□头发	□乳房	□手
□眼睛	□后背	□大腿或膝盖
□耳朵	□肩膀	□小腿后踝部
□脸颊	□腹部	□脚或脚趾
□鼻子	□臀部	□其他
□嘴唇	□生殖器	
□嘴内	□肛门	
□脖子	□上臂或臂肘	
□胸部	□下臂或腕部	

续表

---

13. 你最初开始自我伤害时（不是想自杀的伤害），自我伤害的方式是什么？请勾
选所有实施过的方式，在你最常应用的一个伤害方式后写"1"。

    □切割   □击打   □用力撞击头部

    □搔抓   □拔头发   □服用过量药物

    □妨碍伤口愈合 □用力啃咬指甲或伤害指甲 □服用小剂量药物

    □烫伤   □用尖利物体刺伤皮肤   □吞下/喝下不能吃的东西

    □啃咬   □刺伤身体部位   □试图打断骨头

    □过量喝酒   □过量使用非法药物   □其他（请列出）

14. 如果你当前（指过去1个月内）仍有自我伤害行为（不是想自杀的伤害），自
我伤害的方式是什么？请勾选所有实施过的方式，在你最常应用的一个伤害方式
后写"1"

    □切割   □击打   □用力撞击头部

    □搔抓   □拔头发   □服用过量药物

    □妨碍伤口愈合 □用力啃咬指甲或伤害指甲 □服用小剂量药物

    □烫伤   □用尖利物体刺伤皮肤   □吞下/喝下不能吃的东西

    □啃咬   □刺伤身体部位   □试图打断骨头

    □过量喝酒   □过量使用非法药物   □其他（请列出）

15. 你最初开始实施自伤（不是想自杀的伤害）的原因是什么？下面列了一些可能
的原因，请根据你自身的实际情况作答

（1）释放无法承受的压力

    □从不   □偶尔   □有时   □经常   □总是

（2）体验"快感"

    □从不   □偶尔   □有时   □经常   □总是

（3）令父母不再生我的气

    □从不   □偶尔   □有时   □经常   □总是

（4）白天孤独与空虚感

    □从不   □偶尔   □有时   □经常   □总是

（5）获得他人的关心与关注

    □从不   □偶尔   □有时   □经常   □总是

（6）惩罚自己

    □从不   □偶尔   □有时   □经常   □总是

续表

（7）体验令人愉快的刺激

　　□从不　　□偶尔　　□有时　　□经常　　□总是

（8）释放紧张感或恐惧感

　　□从不　　□偶尔　　□有时　　□经常　　□总是

（9）避免因自己所做的事而陷入麻烦

　　□从不　　□偶尔　　□有时　　□经常　　□总是

（10）将注意力从不愉快的记忆中转移

　　□从不　　□偶尔　　□有时　　□经常　　□总是

（11）改变自我形象或外表

　　□从不　　□偶尔　　□有时　　□经常　　□总是

（12）感觉被某些同龄伙伴接受

　　□从不　　□偶尔　　□有时　　□经常　　□总是

（13）释放愤怒：

　　□从不　　□偶尔　　□有时　　□经常　　□总是

（14）让我的朋友停止对我生气

　　□从不　　□偶尔　　□有时　　□经常　　□总是

（15）向他人表明自己很受伤：

　　□从不　　□偶尔　　□有时　　□经常　　□总是

（16）向他人展示我有多强大：

　　□从不　　□偶尔　　□有时　　□经常　　□总是

（17）让自己白天不舒服的情绪

　　□从不　　□偶尔　　□有时　　□经常　　□总是

（18）遵循自己内心的想法或他人的建议而实施自伤

　　□从不　　□偶尔　　□有时　　□经常　　□总是

（19）体验身体局部疼痛，以此转移自己无法承受的其他痛苦

　　□从不　　□偶尔　　□有时　　□经常　　□总是

（20）摆脱别人对自己过高的期望

　　□从不　　□偶尔　　□有时　　□经常　　□总是

（21）释放悲伤或其他消极情绪

　　□从不　　□偶尔　　□有时　　□经常　　□总是

（22）想在一个没有人可以影响自己的方面获得掌控感

　　□从不　　□偶尔　　□有时　　□经常　　□总是

续表

（23）阻止自己实施自杀的想法

　　□从不　　　□偶尔　　　□有时　　　□经常　　　□总是

（24）防止自己实施自杀

　　□从不　　　□偶尔　　　□有时　　　□经常　　　□总是

（25）当感到迷茫和"非真实感"时，通过自伤行为感受到真实感

　　□从不　　　□偶尔　　　□有时　　　□经常　　　□总是

（26）释放挫败感

　　□从不　　　□偶尔　　　□有时　　　□经常　　　□总是

（27）摆脱自己不想做的事情

　　□从不　　　□偶尔　　　□有时　　　□经常　　　□总是

（28）感觉没有原因，就是有时会自伤

　　□从不　　　□偶尔　　　□有时　　　□经常　　　□总是

（29）验证自己的承受力

　　□从不　　　□偶尔　　　□有时　　　□经常　　　□总是

（30）其他（请列出）

　　□从不　　　□偶尔　　　□有时　　　□经常　　　□总是

17.实施自伤（不是想自杀的伤害）后，你感觉情绪得到释放了吗？

　　□从不　　　□偶尔　　　□有时　　　□经常　　　□总是

18. 如果你感到情绪得到了释放，那么这种释放感可以持续多久？

　　□少于1分钟　　　□6～30分钟　　　□几小时

　　□1～5分钟　　　□31～60分钟　　　□几天

19. 如果你持续实施自伤（不是想自杀的伤害）的原因出于以下内容，那么请根据你自身的实际情况评定一下自伤对下列原因的有效程度。

（1）释放无法承受的压力

　　□完全没有帮助　□稍微有点帮助　□有些帮助　□帮助很大　□非常有帮助

（2）释放愤怒

　　□完全没有帮助　□稍微有点帮助　□有些帮助　□帮助很大　□非常有帮助

（3）释放挫折感

　　□完全没有帮助　□稍微有点帮助　□有些帮助　□帮助很大　□非常有帮助

续表

（4）释放紧张感

　　□完全没有帮助　□稍微有点帮助　□有些帮助　□帮助很大　□非常有帮助

（5）释放悲伤或消极感

　　□完全没有帮助　□稍微有点帮助　□有些帮助　□帮助很大　□非常有帮助

20. 如果你持续自伤的原因为包括在上述原因中，请你在下列横线上写清你的其他原因和自伤多大程度上对你有帮助

原因1：

　　□完全没有帮助　□稍微有点帮助　□有些帮助　□帮助很大　□非常有帮助

原因2：

　　□完全没有帮助　□稍微有点帮助　□有些帮助　□帮助很大　□非常有帮助

原因3：

　　□完全没有帮助　□稍微有点帮助　□有些帮助　□帮助很大　□非常有帮助

原因4：

　　□完全没有帮助　□稍微有点帮助　□有些帮助　□帮助很大　□非常有帮助

原因5：

　　□完全没有帮助　□稍微有点帮助　□有些帮助　□帮助很大　□非常有帮助

21.一旦你想到自伤，你是否总是马上行动？　□是　　　　□否

22.当你想到自伤是，从出现想法到采取自伤行为平均需要多长时间？

　　□少于1分钟　　　　□6~30分钟　　　　□几小时

　　□1~5分钟　　　　□31~60分钟　　　　□几天

23.在压力性事件发生后，你是否伤害过或者想要伤害自己的身体？

　　□从不　　□偶尔　　□有时　　□经常　　□总是

24. 如有，通常哪些压力性事件会导致你自伤？以下列出了可能的压力事件，请根据自身情况选择并举例

　　（1）被离弃（举例）　□从不　　□偶尔　　□有时　　□经常　□总是

　　（2）失败（举例）　　□从不　　□偶尔　　□有时　　□经常　□总是

　　（3）感到失落（举例）□从不　　□偶尔　　□有时　　□经常　□总是

　　（4）被拒绝（举例）　□从不　　□偶尔　　□有时　　□经常　□总是

　　（5）其他（举例）　　□从不　　□偶尔　　□有时　　□经常　□总是

续表

25. 自伤时，你是否感觉疼痛？

　　□从不　　　□偶尔　　　□有时　　　□经常　　　□总是

26. 自从你开始自伤后，你是否发现了以下情况：

（1）自伤行为发生的频率超过了你的预期

　　□从不　　　□偶尔　　　□有时　　　□经常　　　□总是

（2）自伤行为导致的后果越来越严重（例如：伤口更深、面积更大）

　　□从不　　　□偶尔　　　□有时　　　□经常　　　□总是

（3）是否你现状需要更频繁、强度更大的自伤行为才能达到你最初自伤所达到的效果

　　□从不　　　□偶尔　　　□有时　　　□经常　　　□总是

（4）自伤行为或想法是否占用了大量的时间（例如：计划及考虑，收集及藏匿利器，实施自伤以及康复）

　　□从不　　　□偶尔　　　□有时　　　□经常　　　□总是

（5）尽管你有戒除或是控制这种行为的愿望，但是无法做到

　　□从不　　　□偶尔　　　□有时　　　□经常　　　□总是

（6）尽管认识到了自伤行为对你身体和/或者情绪的危害，可是你还是继续自伤行为

　　□从不　　　□偶尔　　　□有时　　　□经常　　　□总是

（7）因为自伤行为的发生导致你放弃或减少了重要的社交、家庭、学习或创造性活动

　　□从不　　　□偶尔　　　□有时　　　□经常　　　□总是

27. 如果你尝试过抵制自伤行为，你会怎么做？请选择所有实施过的方法，在最有帮助的一个方法后写"1"

　　□从未尝试过　　　　　　　　□做放松运动（例如：瑜伽、深呼吸）

　　□与别人交流　　　　　　　　□喝酒或服用非法药物

　　□锻炼身体或运动　　　　　　□做任何可以让双手忙碌起来的事情

　　□阅读、写作、听音乐、跳舞　□其他（请列出）

　　□看电视、玩电子游戏

28. 当你尝试抵制自我伤害行为（不是想自杀）时，你有多大动力去停止该行为？

　　□完全没有　　□稍微有点　　□有一些　　□很大　　□动力非常大

续表

---

29. 针对你的自伤行为，你接受过那些治疗方法？

☐我没有进行过治疗 　　　☐团体治疗

☐我谢绝治疗 　　　☐家庭治疗（和父母共同参加的心理治疗）

☐药物治疗（请列举） 　　☐自我帮助（例如：自教书籍、网络）

☐个体治疗 　　　☐其他（请列出）

☐学校咨询

30. 如果你接受过治疗，哪些治疗方法对于减少或消除自伤行为效果比较好？

☐我没有进行过治疗 　　　☐团体治疗

☐我谢绝治疗 　　　☐家庭治疗（和父母共同参加的心理治疗）

☐药物治疗（请列举） 　　☐自我帮助（例如：自教书籍、网络）

☐个体治疗 　　　☐其他（请列出）

☐学校咨询

31. 本调查表全面描述了你的自伤经历吗？

☐完全不同意　　☐稍微有点同意　　☐有些同意　　☐同意　　☐非常同意

32. 关于你的自伤行为，你还有什么要告诉我们的吗？如有请写下来

四、青少年非自杀性自伤行为问卷

（一）概述

青少年非自杀性自伤行为问卷是2017年由刘婉、万宇辉等根据大量的文献阅读和小组讨论、专家咨询等，通过项目筛选编制，选取沈阳、郑州、南昌和深圳4地的部分在校初中、高中学生，有效问卷达15 096份的全国性大样本问卷调查的基础上编制的，是一个用于青少年的自评量表。

（二）信效度

同质信度：行为问卷的Cronbach's α系数为0.921，功能问卷的Cronbach's α系数为0.905，行为问卷两个维度及功能问卷三个维度的

Cronbach's α 数在0.694～0.895，说明问卷具有良好的同质信度。

半分信度：行为问卷的分半信度为0.851，各维度的的分半信度为0.816～0.839，说明行为问卷具有良好的内部一致性。功能问卷的分半信度为0.786，其中情绪表达维度的分半信度较低为0.588，可能是由于情绪表达维度的条目较少（只有4条），影响了数据分析结果；其他各维度的分半信度较好，范围在0.682～0.884。总体而言，问卷具有较好的分半信度。

结构效度：行为和功能问卷的 KMO 统计值和 Bartlett 球形检验卡方值提示青少年NSSI行为问卷适合做因子分析，然后采用极大方差正交旋转法进行探索性因子分析，最后使用验证性因子分析，综合两种分析方法结果显示，问卷具有良好的结构效度。

校标效度：采用自残功能性评估问卷（FASM）作为校标问卷，FASM行为维度得分与本研究行为问卷得分的相关系数为0.833，$P<0.01$；FASM功能维度得分与本研究功能问卷得分的相关系数为0.859，$P<0.01$。FASM 与青少年NSSI行为问卷相关性关系显著，达到测量目的，表明青少年NSSI行为问卷的校标关联效度良好。

（三）量表内容

该量表包括行为问卷和功能问卷，其中行为问卷共12个条目，分为两个维度：①无明显组织损伤的自伤行为，指个体实施的自伤行为没有造成明显、严重的身体组织损伤，如掐伤、抓伤、拽头发等行为；②有明显组织损伤的自伤行为，指个体实施的自伤行为可能会造成大量出血、划痕及其他的组织损伤，如割伤、烧伤、在皮肤上刻字或符号等。功能问卷共19个条目，分为3个维度：①利己社交，指个体实施NSSI 的目的是为了创造良好的状态或满足社交需要；②自我负强化，缓解或从某种不好的状态中解脱出来；③情绪表达，实施 NSSI 是为了表达自我情绪感受。

（四）适用范围及应用情况

该量表是完全以中国中学生为样本编制的，适用于中国青少年，且不局限于精神科患者，可以有效检测普通青少年的自伤情况，且该量表同时调查了自伤的行为和功能两个部分，对青少年NSSI的早发现和早干预都有很大积极作用。但该量表还未在成年人中进行调查，所以不能明确对成年人NSSI行为的敏感性。

（五）量表（表3-2-4）

表3-2-4　青少年非自杀性自伤行为问卷

青少年非自杀性自伤行为问卷					
一般资料					
性别	男_____　　女_____				
年级	初一				
	初二				
	初三				
	高一				
	高二				
	高三				
家庭居住地	农村				
	乡镇				
	城市				
独生子女	是				
	否				
年龄	_____岁				
行为问卷					
	没有	偶尔	有时	经常	总是
1.故意掐伤自己					
2.故意抓伤自己					
3.故意用头撞较硬的物体（如头撞墙、头撞树等）					
4.故意用拳头打墙、桌子、窗户、地面等硬物					
5.故意用拳头、巴掌或较硬的物体打自己					
6.故意扎或刺伤自己（如针、订书钉、笔尖等）					
7.故意割伤自己（如刀片、玻璃等）					
8.故意咬伤自己					

续表

	没有	偶尔	有时	经常	总是
9. 故意拽掉自己的头发					
10. 故意烧伤或烫伤自己（如用烟头、开水、打火机或火柴等）					
11.用东西故意摩擦皮肤使其出血或淤血					
12. 故意在皮肤上刻字或符号（不包括文身）					

功能问卷

	完全不符合	不符合	不确定	符合	完全符合
1. 表达自己的愤怒					
2. 为了逃避自己不喜欢，或让自己不开心的事情（如逃避上学，逃避做作业或劳动等）					
3.让自己觉得不孤独					
4. 缓解压力或缓解自己焦虑的心情					
5. 自我惩罚或赎罪的方式					
6. 能带来快乐、享受，让自己感觉很好					
7.为了控制自己，使自己冷静下来					
8. 为了吸引别人的注意					
9.为了报复别人					
10.只有这样自己才不会去伤害别人					
11. 为了保护自己不受别人的攻击					
12.能帮助自己停止不好的想法或念头					
13.我的朋友曾经这样做过					
14.我有伤害自己的欲望，且无法停止					
15.获得他人的理解					
16.为了应对悲伤、失望的情绪					
17.为了表现自己的绝望和无助					
18.让其他人做出改变					
19.从麻木和虚幻中逃脱出来					

五、大学生自伤行为及功能评估量表

（一）概述

大学生自伤行为及功能评估量表是郑仲璇于2017年以我国大学生自伤行为特点为编制背景，以自伤行为的相关理论为基础，用探索性因素和验证性因素分析检验并修正自伤行为的理论结构，编制的大学生自伤行为及功能评估的正式问卷。

（二）信效度

1. 信度

通过内部一致性和重测信度检验表明自伤行为及功能评估量表具有良好信度的自伤行为评估分量表 α 系数为0.809，其中弱破坏型自伤和强破坏型自伤的 α 系数分别是0.676和0.653；自伤功能分量表的 α 系数为0.930，其中情绪管理因子、人际影响因子、自我满足因子、自我惩罚因子的 α 系数分别为0.933、0.806、0.906、0.703，表明该量表的同质性信度良好。在20天后进行重测，自伤行为总分的重测信度为0.935，自伤功能总分的重测信度为0.967，均呈现较高的相关性，表明本问卷具有较强的稳定性。

2. 内容效度

本研究的内容效度主要是请心理学专家判断项目与所测量的自伤行为和自伤功能的吻合程度。量表的题项主要来自对自伤学生的访谈结果、文献的分析、专家的意见，以及借鉴国内外相关的量表拟定的，再请心理学专家、心理学研究生对量表进行评定，根据他们的建议进行修改，随后邀请37名本科生（17自伤学生和20名非自伤学生）对项目的表达明确性、通俗易懂度进行点评。通过以上步骤保证了本量表良好的内容效度。

3. 结构效度

通过探索性因素分析，得出了自伤行为评估量表有两个因素构成，分别是弱破坏型自伤和强破坏型自伤。自伤功能分量表由四个因素构成，即情绪管理、人际影响、自我满足、自我惩罚，这与原本的理论构想不太一致，原本设想的行为逃避该维度在因素分析上并没有体现，探索性因素分析结果表明行为逃避该维度下的多个项目在情绪管理或人际影响因素上的负荷值较高。在访谈过程中发现，自伤者的自伤行为的确存在逃避功能，如逃避责任或惩罚，但同时也发现逃避行为往往伴随情绪困扰或者是为了影响他人，如由于过于焦虑，通过自伤来逃避即将面临的考试。通过验证性因素分析结果表明，模型各个指标拟合程度良好，说明自伤行为及功能评估量表有较好的结构效度。

对自伤行为评估分量表相关分析显示：各因子与自伤总分的相关系数为0.948和0.895，而各因子间的相关系数为0.325；对自伤功能分量表相关分析显示：各因子与功能总分的相关系数在0.664～0.874，而各因素之间的相关系数为0.381～0.569。说明该问卷的效度良好。

4. 校标效度

效标关联效度的分析表明自伤行为总分与边缘、抑郁、焦虑、应激显著相关，相关系数为0.315～0.386。自伤功能总分与边缘性人格障碍、抑郁、焦虑、应激相关显著，相关系数为0.353～0.437。自伤功能分量表的效标效度良好。说明自伤行为及功能评估量表有较好的校标关联效度。

（三）量表内容及实施方法

该量表包括两大部分，分别是自伤行为评估分量表由12个项目组成；自伤功能分量表，由22个项目组成。自伤行为评估分量表分为两个维度：①弱破坏型自伤（7项）；②强破坏型自伤（5项）。自伤功能分量表包括四个维度：①情绪管理（7项）；②人际影响（5项）；③自我满足（5项）；④自我惩罚（5项）。

自伤行为评估分量表的计分方式：该分量表采用Likert5级评分法，所有项目均无反向计分。自伤功能总分为量表所有项目之和，分数越高代表自伤程度越重。自伤行为评估分量表分为两个维度，分别是弱破坏型自伤和强破坏型自伤，每个维度总分为该维度下所有项目之和。此外若自伤行为发生1次以上即可视为自伤者。

自伤功能评分量表的计分方式：自伤功能总分为量表所有项目之和，自伤功能评分量表分为四个维度，每个维度总分为该维度下所有项目之和。该分量表采用Likert5级评分法，其中1代表完全不符合，2代表不太符合，3代表不确定，4代表比较符合，5代表完全符合。所有项目均无反向计分，分数越高代表自伤行为在该维度上的越强。

（四）量表（表3-2-5、表3-2-6）

表3-2-5 大学生自伤行为评估分量表

根据"你最近一年内发生的行为"，请填写大概次数（0次、1次、2～4次、5～10次、10次以上）。并根据最严重的一次行为，身体恢复所需时间（无、1天、1个星期、1个月、1个月以上）、对身体的伤害程度（无、疼痛/难受、破皮、红肿/淤青、流血）（可多选），请你在相应格子中打"√"。

你最近一年内发生的行为	发生次数					恢复时间					对身体伤害程度				
	0次	1次	2～4次	5～10次	10次以上	无	1天	1个星期	1个月	1个月以上	无	疼痛/难受	破皮	红肿/淤青	流血
1.故意用小刀等尖锐物体割/划伤自己															
2.故意刮/擦伤自己的皮肤															
3.故意用尖锐的物体刺或扎伤自己															
4.故意用头或其他身体部位撞击某物															
……															

续表

若你还有哪些故意伤害自己的方式没有在此问卷中提及，请写出	
最后一次发生伤害自己行为是多久以前？（必填）	
以上你所勾选的行为是否基于自杀动机	A.是　　B.否

表3-2-6　大学生自伤功能评估量表

指导语：如果你过去一年内有伤害身体行为的话，一般来说，都是出于一定的原因和目的，你才会做出该行为。下面列举了许多你伤害自己时可能的原因或目的，请根据你的实际情况在相应数字上打"√"。

（请注意不要串行，不要漏答）	完全不符合	不太符合	不确定	比较符合	完全符合
1.为了应对焦虑、烦躁不安的感觉	1	2	3	4	5
2.为了控制情绪和冲动	1	2	3	4	5
3.为了摆脱无力感、无助感	1	2	3	4	5
4.为了释放无法承受的压力	1	2	3	4	5
5.为了减轻难以忍受的感觉	1	2	3	4	5
6.为了缓解紧张感或恐惧感	1	2	3	4	5
7.通过疼痛来摆脱糟糕的感觉或心情	1	2	3	4	5
8.为了得到别人的关注或关心	1	2	3	4	5
……					

外文版自伤量表

国内学者对自我伤害的研究，大多使用的都是汉译版本的国外量表，也有部分学者使用自编的问卷，如郑莺等根据对学校学生的访谈，编制成包含20种自伤行为方式的评价问卷；万宇辉等在全国性大样本研究中使用自编的NSSI行为问卷，问卷询问了8种自我伤害行为的发生情况。除了以上与中国文化结合的自伤量表外，国外研究者编制自伤行为评估工具较多，主要有：

一、蓄意自伤量表

1.简介

蓄意自伤量表（deliberate self-harm inventory，DSHI）由Gratz等于2001年编制的。由17个条目组成，反映了来自临床观察和实证文献的不同自残行为。受试者表明他们是否故意或无意地从事每一种列出的行为，而没有自杀的意图。在每个行为项目之后，还会进一步调查行为发生的频率、持续时间、近期程度、严重程度（如果受伤需要医疗救治）和发病年龄。这些条目可以单独使用，也可以组合成两个量表分数。第一个量表用二分法，表明受试者是否有过自伤行为，第二个量表提供了所有列出的行为中自伤频率的连续总和。

2.信效度

Gratz通过对1 500名大学生进行施测，结果表明该量表的内部一致性信度为0.82，重测信度为0.92，并且具有良好的效标效度、聚合效度和区分效度。

3.应用与评价

DSHI已被广泛用于大学生和高中生的研究，以及一些成人边缘型人格障碍的临床研究。该量表可以在大约5分钟内完成，这使得它可以有效地检测受试者的自我伤害，并获得对自我伤害行为的主要特征的一般评估。DSHI的一个缺点是没有评估潜在的激发自我伤害的功能。另一个缺点是，它可能对检测治疗变化不那么敏感，因为它评估的是终生自我损伤率。

二、自伤行为问卷

1.简介

自伤行为问卷（self-harm behavior questionnaire，SHBQ）是由Jennifer J.等于2010年编制的，一个简明而可靠的自伤行为评估工具，其评估内容包括以下四个不同部分，即：自伤/自残、自杀企图、自杀意念和自杀。每一节的开头都有一条2分的问题，询问受试者是否有过这种行为。（例如："你有没有故意伤害过自己？"）随访项目评估频率、使用的方法、发病年龄、是否需要就医严重程度、首次和最近一次发作的年龄，以及患者是否向某人讲述了这种行为。对于与自杀相关的项目，会有一个开放式问题来评估行为的诱因。（例如："在你试图自杀的时候，你的生活中发生了什么事情？"）虽然这样的问题不会出现在自我伤害部分，但它可以很容易地添加，而不会破坏量表的心理测量学特性。SHBQ可以在5分钟内完成。

2.信效度

它已经建立了用于不同种族的青少年和成人以及治疗和社区样本的有效性和可靠性。研究提供的证据表明，SHBQ在区分自残和自杀行为方面是有效的，临床临界量表可以帮助筛查自杀风险。

3.应用与评价

SHBQ用于评估自我伤害的局限性在于，该量表更侧重于自杀行为；需要特定的评分过程才能获得经验性的量表分数（尽管对个别项目的反应很容易解释）；它不直接评估自我伤害的潜在功能。这些限制被量表的成本效益所抵消，因为它确实提供了对自伤和自杀的快速测量，这两种情况已知是相关的。此外，它还提供开放式问题，这样受试者就可以提供他们独特的回答，并且每个部分都有按性别和年龄分隔的规范。

三、自我伤害问卷

1.简介

自我伤害问卷（self-injury questionnaire，SIQ）由 Reynolds 于 1988年编制，用于测量青少年或成年初期的自杀观念，共30个条目的自我报告测量工具，旨在评估各种自我伤害行为的频率、类型和功能。它最初是由Alexander在社区本科生样本上开发的，后来由Santa Mina和他的同事在从市中心一家教学医院的危机服务和住院精神卫生部门招募的成人临床样本上进行了测试。SIQ的概念来源于创伤文献，特别是来自对四种类型的自我伤害的分类：身体改变（例如，穿孔、文身）、间接自我伤害（例如，吸食大麻、禁食）、未能照顾自己（例如，生病时避开医生、发生无保护措施的性行为）和公开的自我伤害（例如，割伤、焚烧）。受试者表明他们是否有意识地从事过这30种行为中的任何一种；如果有，他们指出每种行为的原因。SIQ中包含的原因反映了8个主题：调节情感、调节真实性、安全性、与自我交流、与他人交流、乐趣、社会影响力和身体感觉调节。

2.信效度

该问卷的内部一致性信度为0.97，具有良好效度，总SIQ量表的内部一致性报告为 α =0.83，分量表的 α 范围为0.72～0.77。在两周的时间里，SIQ总分的重测信度从 r =0.76到 r =0.96。Santa Mina等人编制了两个SIQ分量表，情感分量表和分离分量表，用来检验结构效度。与抑郁和绝望感的变化相关性高。

3.应用与评价

SIQ有助于描述被调查者使用的各种类型的自残行为，以及被调查者认可的每一种类型的原因。因此，SIQ可用于设计个体化治疗方案。

灵活的评分系统允许广泛的评估或更深入的分析。

四、自我伤害的内隐联想测验

1. 简介

自我伤害的内隐联想测验（implicit association test）由 Nock 等于2007年编制，此测验要求被试者在实验室里完成电脑操作，包括两个部分：第一是识别版本，考察个体将"自我伤害"与"本人"（或"他人"）等词汇加以联想的强度。在电脑屏幕上向受试者呈现一系列图片，有的图片与自我伤害相关，如一张皮肤切割的图片，有的图片是中性的，不涉及自我伤害。要求被试者尽可能快地对这些图片分类，然后做出相应的按键反应。

在识别版本测试中，有时向受试者呈现与自我相关的其他词汇（如，"我""我的"）或与他人相关的词汇（如，"他们""他们的"），仍然要求受试者分类，然后对呈现的刺激如"我"和"非我"等词汇做出尽可能快的反应。正确分类后会出现下一个刺激图像；错误分类后，屏幕上会出现一个红叉，直到做出正确反应为止。

在第一个测试单元，刺激词汇的顺序是随机排列的，指导受试者对"切割"和"我"词汇（最后将自伤与我形成配对刺激）按同一个键，而对"不切割"和"非我"词汇按另外一个键。

在第二个测试单元，要求做相反的分类，比如将"非自我伤害"与"我"词汇配对，记录下两个单元的反应时，分析后作为标准化的内隐联想测验的计分算法。

第二个是态度版本，用的是相同程序，只不过以"好"（如，"高兴""缓解"）或"坏"（如，"痛苦的""无效的"）来分类，代替了先前的"我"和"非我"。

2.应用与评价

在消除了人口学因素和心理因素的影响作用之后，这个测验具有良好的预测效度。

五、自残动机量表（第二版）

1.简介

自残动机量表（第二版）（the self-injury motivation scale-Ⅱ，SIMS-Ⅱ）最初是为成人患者群体设计的，是一种自我报告测量工具，旨在从被调查者的角度量化自残行为的动机。他们对36个原因中的每一个解释他们的自残行为的程度进行了评分。评分从0到10分，满分为11分，并被计入总分。此测量需要7~15分钟才能完成。这项测量的项目是基于过去的研究和作者的临床经验。最初版本的模拟人生（第一版）由35个项目组成。对99例成人精神科住院患者的数据进行初步因素分析，发现6个因素对量表变异性的贡献率为85%。这些因素是影响调节、冷漠、惩罚性二元性、影响他人、症状控制和自我刺激。

2.信效度

SIMS-Ⅱ与第一版相比增加了两个额外的题目，这些题目是从测试过程中获得的填写答案中抽取出来的，而第一版中的一个原始题目由于与另一个题目的冗余而被省略了。SIMS-Ⅱ在50名精神科住院青少年患者中进行了评估。与青少年患者群体的内部一致性总分为0.91。

3.应用与评价

SIMS-Ⅱ可能是评估青少年患者自我伤害动机的有用工具。其简短的自我报告格式使其有助于快速评估自伤背后的动机，这可用于确定个体化治疗计划。

六、自我伤害问卷

1.简介

自我伤害问卷（self-injury inventory，SII）是由Zlotnick等人于1996年在一家女性精神病院住院的女性患者样本上开发的一种自我报告测量工具。它还被用于其他人群，包括精神病院的青少年和年轻成人住院患者，以及在私立医院接受住院药物滥用治疗计划的年轻人和成年人。该量表由两个子量表：基于文献中常见的自毁行为或间接身体伤害行为（例如：狂欢、鲁莽驾驶、无保护措施的性行为、商店盗窃和大量吸食毒品或酒精的冲动行为）的"自我伤害"子量表，以及"自残"子量表（它更符合我们对NSSI的定义），它评估故意的、直接伤害身体的行为，而不是有意死亡。

2.信效度

SII的自残分量表已被证明具有良好的内部一致性（α=0.80）。关于SII的有效性，目前还没有公布任何数据。已经公布了青少年和青年自杀未遂者和意想者样本的均值和标准差。

3.应用与评价

SII可作为精神健康评估过程中的一项筛查措施，可以辅助计划特定个人所需的治疗强度。这两个子量表的加入使得对自毁和自伤行为的评估既可以是广泛的，也可以是更狭隘的。鉴于SII的设计目的是评估受试者一生中广泛自我伤害的发生率和频率，因此它在衡量治疗结果方面的效用是有限的。

七、自残问卷

1.简介

自残问卷（self-harm inventory，SHI）是一种简明的、包含22个条目的自我报告量表，旨在评估受访者一生中从事各种自残行为的历史。采用是/否回答格式，总分反映认可的自伤行为的总数（即"是"回答的数目）。个别项目是根据文献中描述的行为以及作者和他们的多学科治疗团队的临床经验来选择的。该措施中列出的自我伤害行为的例子包括服药过量、割礼、滥用药物、自我饥饿、陷入情感虐待关系和自杀未遂。SHI是基于三个子样本开发的。

2.信效度

SHI已被证明具有良好的内部一致性（α=0.80）。

3.应用与评价

SHI可以用来计划特定个体所需的治疗强度。它的简洁性使其便于在各种临床环境中作为筛查工具使用。与SII一样，终生病史框架限制了其作为治疗结果衡量标准的效用。

4.小结

NSSI的正式评估在临床实践中已经占有至关重要的作用，因为它有助于检测个体自伤相关的具体情况，可以让治疗者对个体案例形成的掌握更概念化和可视化，对针对性的个体治疗方案的制定具有指导和借鉴意义。在临床上选择评估量表时，若有条件对个体进行系统监测，行自我伤害的简短或者初步的临床评估时，笔者建议使用自残功能性评估问卷（FASM）；如果对存在自伤或者强烈自杀意念者可以使用自伤行为问卷（SHBQ）；用于对自伤进行更进一步的临床或研究评估时，强烈推荐渥太华自我伤害调查表（OSI）；对自我伤害进行更广泛的临床/研究评估和自杀，自伤思想和行为访谈（SITBI）会更为合适。以上推荐仅供参考。

第四章
非自杀性自伤患者的干预

第一节 心理治疗

一、心理治疗对于非自杀性自伤青少年的作用

1. 心理治疗促进治疗师与NSSI青少年建立情感联结

NSSI青少年常常存在内心烦躁、郁闷，他们经常体验到空虚感，对生活没有热情，对社会中的人存在极度的不信任感。在心理治疗关系逐渐建立的过程中，NSSI青少年有机会和治疗师之间经历关系雏形、发生误解与冲突、解决冲突这一过程来校验人际关系的建立与维持。因为心理治疗关系是除伴侣关系之外的另一种形式的亲密关系。在治疗空间内，安全、温暖、抱持的环境，帮助NSSI青少年在这里逐渐打开心扉。治疗师在共情、真诚、倾听和积极关注之下，与青少年发生着内心世界的互动。这种亲密的人际互动为青少年提供了建立情感联结的途经。

2. 心理治疗关系帮助NSSI青少年学习社交技能

NSSI青少年通常存在着人际困扰，感觉没有朋友，感觉周围人都不能理解自己，很难走进自己的内心。心理治疗是一项基于关系的治

疗，在NSSI青少年和治疗师建立心理治疗联盟的过程中，治疗师的行为举止会给青少年提供行为模板，强化了他们的模仿学习能力。在团体心理治疗中，青少年会拥有更多的社交行为模板，从而学习更具适应性的社交技能。

3. 心理治疗帮助NSSI青少年提高情绪调节能力

NSSI青少年的自伤行为通常发生在出现强烈的情绪状态时，通过自伤的方式来解除痛苦，获得快感。然而一次次通过自伤唤起大脑兴奋的感受，形成了一个恶性循环。青少年们亟需提高自身的情绪调节能力，学会使用不同的方法与策略来改善情绪状态。在心理治疗过程中，NSSI青少年在言语、行为、游戏等方式中得到情绪宣泄，同时包含聚焦情绪耐受与调节能力这一主题的治疗，从而帮助青少年来提高情绪调节能力。

4. 心理治疗促进NSSI青少年的自我成长

青少年时期因为生理发育的特点，加之青少年相互影响的心理特点，这是个特殊的时期。心理治疗可以帮助青少年更客观地了解自己，对于其人生发展的困惑有一个专家和其共同探讨，引领其健康人格的发展。

二、针对NSSI青少年常用的心理治疗方法

（一）支持性心理治疗

1. 支持性心理治疗概述

支持性心理治疗（supportive therapy），又称支持疗法、一般性心理治疗，旨在加强患者对精神应激的防御能力，帮助患者控制混乱的思想和感情，重建心理的平衡。

2. 支持性心理治疗的特点

①运用治疗师和患者之间的良好关系，积极支持患者；②支持性心理治疗的目标以建立良好的治疗关系、提供情感支持、肯定资源、问

题解决为导向；③促进患者解决面临的问题，必要时给予适当建议；④对治疗师的专业胜任力要求相对较低，治疗师运用心理工作者的基本技能即能提供支持性心理治疗。在临床实践中，因专业人员相对缺乏，可由精神科医生、护理人员来提供支持性心理治疗。

3.如何开展NSSI青少年的支持性心理治疗

（1）倾听与解释

在心理治疗中建立治疗同盟，积极倾听患者，充分了解患者的处境，对于患者的难题与困境进行真诚的解释与回应，传递治疗的希望。

（2）支持与鼓励

当NSSI青少年处于困境时，他们非常绝望，此时心理治疗师理解他们的情绪困境，温暖的支持与鼓励就像一道光一样，帮助他们努力地生存下来，增强他们的治疗信心。

（3）寻找资源

虽然NSSI青少年正在经历极度的情绪困扰，但是每个人身上都有积极的资源。尽管他们认为自己"非常糟糕""一无是处"，但是他们依然有优点所在，这就需要治疗师非常耐心地和患者一起去发现"宝藏"。开启资源和优点之后促进患者正向情绪的建立。

（4）控制与调节

NSSI青少年应对情绪的方式以自我伤害为主，在支持性治疗中帮助青少年逐渐提高控制情绪的能力，学习其他情绪调节方法，进而减少伤害行为的发生。

（5）改变外在环境

通常NSSI青少年的生存环境不容乐观，有的家庭结构不稳定、有的家庭氛围紧张、有的经历校园霸凌，治疗师需要帮助患者尽可能优化其生存环境。当环境发生改变时，患者的行为也会自然发生变化。当环境稳定、安全和包容时，也可以减少NSSI青少年情绪发作的应激源。

（二）人际心理治疗

1.人际心理治疗概述

人际心理治疗（interpersonal psychotherapy，IPT）是由Klerman及其同事们在研究重型抑郁急性期治疗而创立的。Klerman等将人际心理治疗设置成一种有时间限制、基于操作手册和生活事件、诊断指向的实证性心理治疗方法。人际心理治疗将人际关系事件划分为4个问题领域：悲哀、人际冲突、角色转换和人际缺陷。人际心理治疗将从问题领域中选出1～2个作为治疗的焦点。

林琳等人的研究发现人际关系正向预测青少年的自伤行为，黄颖等人的研究发现，相关量表结果通过回归分析，自杀危险、冲动性、人际关系、自我责难是NSSI青少年的危险因素。NSSI青少年通常经历了创伤性的成长历程，人际关系的建立与发展受到了不同程度的损坏，上面四个人际领域的治疗对于NSSI青少年都是迫切需要的。

2.如何开展NSSI青少年的人际心理治疗

1）建立治疗同盟，去除病人角色

与NSSI青少年建立治疗关系，形成治疗同盟，同时不再贴上病人的标签，而是在某些环境中遭遇了某种问题，将NSSI青少年从病人角色中跳出来。对于部分NSSI青少年而言，他们经历了依恋创伤，对于人际关系既渴望又害怕。"生病"会给他们带来不同程度的益处——父母们从远方回来，家长更温和了，得到了梦寐以求的东西等，而这些获益会对NSSI青少年的症状具有维持作用。因而在初始阶段的访谈中去除NSSI青少年的病人角色，引导其共同解决当前的问题。

2）针对具体人际关系领域的困难进行工作

（1）处理悲伤

部分NSSI青少年经历了悲伤事件，悲哀是一种复杂、无法释怀的感情，通常在经历丧失之后出现的强烈情绪反应。治疗师要帮助患者接纳这种丧失带来的痛苦感，帮助其稳定情绪，建立新的情感联结，开启未来生活的意义。

（2）处理人际冲突

一方面，NSSI青少年正处于自我力量相对薄弱、人际敏感的阶段，再加上生理内分泌系统的剧烈变化，很容易与父母及身边的人发生冲突。人际冲突是一个常见的问题领域，指患者与一个重要他人（如父母、同学、朋友）之间的冲突。另一方面他们又极度渴望获得控制感和强大感，治疗师首先帮助患者确认冲突的存在，然后选择一个行动计划，调整非适应性的交流方式，或者重新调整对双方关系的期望值。帮助NSSI青少年重新来审视他们对冲突对象的期待，调整期望，学习面临冲突的应对方式。

（3）帮助NSSI青少年促进角色转换

角色转换出现在患者无法应付生活改变时，这种改变可能是地理位置或文化环境的变化、生涯改变、亲密关系发展阶段的改变等。在临床实践工作中我们发现NSSI青少年最早的自伤行为最容易发生在外部环境发生变化时，比如小升初、初升高的过渡阶段，比如刚升初一的时候，小学生变成初中生的过渡过程中面临着学业角色的转换、人际关系相处模式的变化以及对自我角色的转换。针对这一领域的治疗主要有四个任务，包括放弃旧角色、表达由角色转换带来的情感、学习新的技巧并寻求新的依恋和支持、确认新角色的积极方面。通过人际心理治疗帮助其完成角色转换，加快适应，继续在人生不同阶段的道路上前行。

（4）提高人际交往能力

NSSI青少年有些人经历了早年的依恋创伤，有些人经历了校园霸凌事件，缺乏人际交往技能——无法应对人际冲突、恐惧社交场合、社交中处于自我中心等。缺乏人际交往的青少年时常处于人际孤岛，同时又渴望建立良好的人际关系，治疗师可以帮助他们学习人际交往技巧，形成良好的人际支持。在人际归属感中增强NSSI青少年的现实存在感，减少自我空虚感。

综上所述，帮助NSSI青少年加快适应不同的学校环境，促进成长中不同阶段学生身份的积极转换，学习人际冲突的应对方式，处理生命发展过程中需要面对的哀伤，最终能够具备良好的人际交往能力。

（三）认知行为治疗

1.认知行为治疗概述

在20世纪50年代末和60年代初，贝克（Beck）在经历了精神分析的训练及从业之后，开始思考患者的功能不良思维对情绪、躯体和行为的影响，因而开始致力于认知治疗的实践。贝克发现在临床实践中无法验证精神分析的观点——抑郁是来自患者对自身未觉察的愤怒，反而和患者功能不良的思维是有关的。他提出了认知的素质—应激模型，抑郁是认知易感性和应激性生活事件相互作用的结果。这些认知易感性被称为图式，患者自幼便形成，并由其生活经验塑造而成。抑郁的图式是一些认知结构，这些认知结构基于有关自我和环境的消极内部表征。当那些易感的个体经历生活压力时，由于这些图式的影响，他们会进行消极的思考。他们自动的消极思维导致了抑郁的感受，并随之出现适应不良的行为。抑郁的青少年对于自己和周围的世界有着消极的看法，并且选择性地注意环境中的负性刺激（Maalouf and Munnell，2009）。认知行为治疗（CBT）既关注认知治疗，又关注行为治疗，特别是当认知治疗无法推进或者进展缓慢时，而对于青少年的自伤自杀行为进行行为功能分析尤为重要。通过对行为的微观和宏观分析发现行为反应相对应的刺激或情境，以及患者对刺激或情境的认知加工过程是如何产生进一步的反应的，从而建构了行为分析的SORC模型（图4-1-1）。

S指的是刺激或情境，即在什么时间、什么地点、哪些人、发生了什么；R指的是出现了什么样的反应，如情绪、自动化思维、躯体和动作四个层面上的反应；在采取了动作、行动之后，这个动作又产生了哪些结果促使这个动作得以维持下来；而这中间R的反应会受到患者个人经历方面的影响，从而让反应带有浓烈的个人色彩。在行为功能分析中非常重视行为产生的结果对行为带来的强化作用。通过行为功能分析可以从不同层面上进行心理干预，可以阻断行为的恶性循环圈、改善环境、调节自我的认知模式，进而达到心理健康的目的。

图4-1-1　SORC模型

青少年正处在认知发展的过程中，价值观、人生观和世界观在持续发展中，因而呈现出认知内容的不稳定，认知方面的干预有时会稍显吃力，而行为层面的干预则会更精准、更有效。青少年在自我同一性建立的阶段中，更容易陷入到思想的怪圈中，难以真正地付诸行动。在一次次的行动中改变认知，这对于青少年来说是一个有效改变的途径。

2.如何开展NSSI青少年的认知行为治疗

儿童和青少年抑郁急性干预的临床准则建议使用抗抑郁药物、心理治疗，或者两者都用，而其中被研究得最透彻的心理治疗方法就是认知行为治疗（Birmaher et al.，2007）。

NSSI青少年形成了自伤自杀行为闭环过程——自伤自杀行为带来的大脑愉悦感、痛苦缓解、得到关注等功能进一步强化了伤害行为本身，通过认知行为治疗来打破这个闭环，帮助NSSI青少年建立健康的情绪调节方式，提高情绪的忍耐力，拥有关注当下的能力。

（1）进行行为功能分析（表4-1-1）

表4-1-1　行为的微观分析

S	O	R	C
爸爸唉声叹气地说："怎么又没去上学"	追求完美，讨好他人，从小经常生病，身体素质差	认知："我连上学都坚持不了。爸爸好失望，我好没用，别人都能做到的事情，我怎么就做不到！" 情绪：沮丧、失望、内疚、愤怒 生理：胸闷、头痛、呼吸困难 行动：封闭空间躲起来，用美工刀划伤自己	短期：情绪缓解，身体舒适 长期：形成情绪调节的消极惯性方式，依赖自我伤害行为

（2）共同商量安全计划

心理治疗师帮助NSSI青少年识别自己内在和外在的资源，当他们出现自伤或自杀冲动时，可以将这些资源作为应对策略来使用。内在资源为转移注意力的一系列办法，外在资源为家庭、朋友、心理热线、精神科紧急联系电话，通过各种资源方式帮助自己度过危机时刻。这帮助NSSI青少年至少在下次会谈之前不实施自伤、自杀行为，从而确保安全。

（3）心理健康教育

心理治疗师帮助NSSI青少年及家长了解有关风险因素，指导家长在尊重的前提下帮助NSSI青少年解除危险，保证安全的生活环境。

（4）植入生活的希望

在行为功能分析中心理治疗师可以敏锐地促进NSSI青少年找到活着的理由，当自伤、自杀的想法或行动出现时，对未来生活的希望帮助自己坚守。NSSI青少年并没有完全丧失生活的希望，只是很多时候生活不如意的地方堆积如山，不得已选择放弃生命，因为面对问题实在让人很痛苦。在笔者的临床实践过程中，一位13岁休学在家的青少年，手臂上一道道深长的伤痕清晰可见，每天出现若干次死亡的想法，但是她依然在坚挺着活下来。她的希望是"先看看美好的天空再说""我明天会收到快递"，从中我们可以看到NSSI青少年的力量，与死亡较量是需要多么大的勇气和智慧！

（5）讨论个案概念化

心理治疗师和NSSI青少年讨论其个案概念化，一方面鼓励青少年加入治疗同盟中来，另一方面通过治疗师专业化的理解与讨论，帮助NSSI青少年发现改变当前状态的个体化策略。

（6）个体化干预策略

这个阶段心理治疗师针对个案概念化中确定的NSSI青少年的需求，选择不同的治疗模块，治疗师以技能训练的形式向青少年引入认知、行为和家庭干预。

（7）结束治疗

与NSSI青少年回顾治疗中的收获，以及如何健康应对未来可能出现的危机，如何减少高风险情境的出现，最后总结，结束治疗。

（四）辩证行为疗法

1. 辩证行为疗法概述

在认知行为治疗发展的第三浪潮中，接纳与承诺疗法（ACT）和辩证行为疗法（DBT）蓬勃发展，尤其是辩证行为疗法是在针对BPD的治疗中发展起来的，治疗会聚焦在提高情绪的忍耐力、提高人际交往能力、提高专注当下的能力，实证研究发现辩证行为治疗对于自伤自杀的青少年具有显著的治疗作用。

DBT原本是为了BPD患者而发展的治疗，然而越来越多的临床研究显示，DBT不只对BPD患者有疗效，对很多疾病及问题都有帮助，包括情绪缺乏控制和过度控制，以及相关的认知和行为模式。针对NSSI青少年的心理干预DBT同样具备良好的临床应用，因而单独加以阐述。

DBT是由美国华盛顿大学的心理学家Marsha Linehan教授提出的一项心理治疗，它由传统的认知行为疗法发展而来，并结合了东方禅学的辩证思想，强调在"改变"和"接纳"之间寻找平衡。

DBT的基本假设：①辩证强调现实的基本相关性或整体性。即对一个系统个别部分的分析，需要澄清部分与整体之间的关联才有意义。②现实并非是静止的，在两个极之间变换。③现实的本质是历程与改变，而非内容或结构。重要的是，个人与环境都不断在变动，因此治疗的重点并非是提供一个稳定、一致的环境，而是要帮助个案更容易接受改变。

DBT训练的四个模块：正念技巧、情绪调节技巧、人际效能技巧和痛苦耐受技巧。通过四个模块的训练，帮助NSSI青少年学会调节情绪，提高人际交往能力，既能够接纳自己，又可以来改变自己，在接纳与改变之间获得一种辩证的平衡。

2.如何开展NSSI青少年的辩证行为治疗

（1）正念技巧

它运用观察环境、不带评价地描述所观察的事物以及全盘接受等方法，通过正念呼吸、正念饮食、正念行为等练习将正念的理念植入到青少年的日常生活中，帮助NSSI青少年集中注意力于当下，减少对自我及他人的评判，增加对自身体验的认识和接受度，激活理性脑，从而促进其情绪稳定。

（2）情绪调节技巧

运用识别情绪、克服阻碍健康情绪的障碍、正念情绪、冥想等方法，帮助NSSI青少年减少情感易损性，提高改善情绪的能力。

（3）人际效能技巧

运用倾听、表达、协商谈判等沟通技巧，帮助NSSI青少年在不破坏人际关系和不伤及自尊的前提下获得个人目标最大化，同时适当提高自信。

（4）痛苦耐受技巧

运用转移注意力、自我安慰、放松、制定新的应对策略等方法，帮助NSSI青少年冷静面对困难处境，采取理智的行动，减少负性的情绪反应。

通过将这四个方面技能的提高融合在辩证行为治疗的不同阶段，从而在心理治疗的过程中推动NSSI青少年识别情绪、专注当下，在接纳情绪的同时寻求健康的方式获得情绪的缓解，最终提高人际交往能力，获得自我效能感，进入良好生活状态。

（五）心理动力学疗法

1.心理动力学疗法概述

心理动力学假设无意识中的动态元素影响有意识的思想、情感和行为，以心理动力学假设为基础的心理治疗称为心理动力学治疗。心理动力学治疗的基本目标是通过揭露无意识的想法和感受，帮助那些存在某种问题或行为模式的人，这些问题或行为模式会导致不幸福或不满意感，并且在与治疗师的互动关系中直接提升功能。揭露和支持技术几乎用于所有心理动力学治疗中。

在心理动力学治疗中，关系本身可能是改变的媒介，它既是来访者可以从中学习的"人际关系实验室"，也是获得支持、激发成长和改变的直接源泉。讨论和了解治疗关系就是讨论移情问题，这通常也是心理动力学治疗的主要焦点。

心理动力学治疗有以下几大目标：①改善自我知觉和自尊管理能力；②改善人际关系；③改善对压力的适应；④改善认知功能；⑤修通。

2.心理动力学对于自我伤害行为的理解

心理动力学认为自我伤害行为在NSSI青少年群体中经常被主体意识或无意识地作为表达性的工具使用，其目的可能是为了逃离不可忍受的痛苦，或是为了维持和内部自体客体的联结，也可能是为了向重要客体表达攻击和报复。自杀并不是非理性的冲动，而是一种去功能化的自体在绝望的情境下作出的受限选择。

3.如何开展NSSI青少年的心理动力性治疗

心理动力学治疗对于NSSI青少年在人生发展过程中的自我、人际关系、适应、认知功能、工作与娱乐的能力有一个全面的评估。心理动力学治疗中有些具体的技术可以用于NSSI青少年的治疗。

（1）情感技术

NSSI青少年在体验自己的情绪、管理自己的情绪情感方面存在各种不同的问题。情感技术会帮助NSSI青少年更好地了解自己的情绪、改善消极情感、学会表达情感。心理教育、指导、提问和共情是基础性干预技术，如"对有的人来说，暴饮暴食通常是应对不舒服情感的一种方式。在你开始吃饼干之前，你有什么感受？""你和你母亲谈完话以后你有什么感受？"在支持性干预中主要包含了化解情感及接纳情感两个方面。化解情感会使用到如命名情绪、关怀、安抚、消除疑虑、共情或验证，以直接和即时的方式化解NSSI青少年强烈或难以抵御的情感。接纳情感涉及治疗师帮助NSSI青少年不被情感所颠覆。干预技术包括面对来访者强烈的情绪时要保持冷静，将他们未成形并具有威胁性的体验诉诸言语，展现关心和理解，解释以及支持规避极端情绪。

（2）自由联想和阻抗技术

自由联想是指来访者尝试将脑海中想到的任何事情脱口而出。阻抗是反对治疗工作和联想流的任何事情。"没有付费给我有没有让你想到什么事情呢？""你刚刚在讲到伤害自己的事情，现在又想到了爸爸妈妈忽视你的事情。你认为这两者之间有什么关联呢？"

（3）移情和反移情技术

移情涉及来访者对治疗师的所有情感。理解移情可以帮助治疗师理解来访者如何看待自己以及如何与他人关联。对于NSSI青少年而言，最容易在治疗过程中对治疗师产生母性移情。NSSI青少年在早年经历了依恋创伤，对于母性非常渴求，促进NSSI青少年心理觉察移情、在适宜的时机探讨移情、澄清、进行解释。"今天你特别安静，而且这是我休假前的最后一次见面。我上次休假之前也是这样""我认为你最近两次面谈迟到是因为你担心我会生你的气"。

反移情是治疗师对来访者的情感总和。它既包括有意识的情感，又包括无意识的情感。理解反移情非常重要，因为只有觉察到我们对来访者的情感，才能让它尽可能少表现出来；我们对来访者的情感可以帮助我们进行评估、规划治疗建议以及实施治疗；反移情能够帮助我们了解来访者生活中的重要人际关系；反移情能够帮助我们了解自己和我们对来访者的反应。对NSSI青少年的反移情通常是治疗师迫切希望有效地帮助到青少年："我意识到自己在上次访谈的过程中对你的心情还没有好起来显得特别地着急，我更相信你有自己的节奏来处理当前的状况。"

（4）无意识冲突和防御技术

NSSI青少年内心存在着他们未进入意识层面的冲突，比如有的青少年充当着父母沟通的桥梁；有的青少年通过症状来维持稳定的家庭结构；有的青少年通过症状来获得话语权。我们看到这些自我伤害行为的背后NSSI青少年内在发生着激烈的冲突，他们在用某种能够想到的最智慧的方式保护自己。

（5）梦的技术

梦是无意识的表达，显性梦境是梦的故事，隐性梦境是隐藏在梦背后的无意识内容。我们可以利用显性梦境帮助他们了解其心灵生活表层的问题和关注点。在心理动力学治疗中，没有比"释梦"更令人望而生畏或感到浪漫的了。"在梦里你有什么感觉？""梦到身处俄罗斯让你想到了什么？"引导NSSI青少年报告他们的梦，可以绕过他们的意识，进入到无意识层面的理解与工作，进而促进NSSI青少年心智化水平的提高。

（六）游戏治疗

1.游戏治疗概述

在韦伯字典中，游戏治疗（play therapy）的定义是"一种可以让孩子用玩耍而不是语言的方式表达感受和冲突"。英国游戏治疗协会定义其为"治疗师和孩子之间的动力过程，在此过程中孩子以自己的步调探索不管是源自过去或现在、意识或潜意识，但是此刻正在干扰孩子的问题。通过治疗同盟，孩子的内在资源被激发，借此带来孩子的成长和改变。游戏治疗以儿童为中心，过程中游戏是最重要的媒介，语言是次要的"。根据美国游戏治疗协会的定义，游戏治疗是"系统地运用某个理论学派而建立起来的人际模式，由经过训练的游戏治疗师利用游戏的疗愈力量来帮助来访者预防或解决心理社会方面的问题，从而达成更好的成长和发展"。所有人都可以做游戏治疗，综合以上的定义，我们认为游戏治疗是治疗师和来访者运用丰富多彩的游戏形式，开展心理干预工作，最终促进来访者问题解决的过程。游戏治疗的形式包括但不局限于讲隐喻故事、舞动、音乐、沙盘游戏、艺术创作、结构化的游戏等。根据来访者的需求选择针对性的游戏。

2.游戏治疗的作用机制

大脑的发育与发展是循序渐进的，脑干和间脑是最早发育和运作起来的脑区，对于代谢系统、过度反应、感知觉问题和情绪唤起均有影响。而大脑皮质则发育得稍晚，众所周知，大脑皮质更加关乎理性和执行功能。NSSI青少年可能伴随人格发育的问题，在成长的历程中存在大量的创伤史，而精神创伤会影响大脑的发育与发展，破坏人的理性思考能力。游戏治疗可以对大脑产生影响，因为游戏是非言语的，较少地运用到大脑皮质的理性功能。在游戏的过程中促进大脑发育，帮助大脑中管理情绪的区域更加稳定。

游戏具有治愈力，Schaefer和Drewes（2014）曾经归纳过游戏的20种疗愈因子，分别是自我表达、接近无意识、直接教导、间接教导、宣泄、精神发泄、积极情绪、对抗恐惧、压力免疫、压力管理、治疗性的关系、依恋、社交能力、同理心、创造性的问题解决、复原力、道德发展、促进心理成长、自我调节和自尊。

青少年时期正处于生理心理发展非常特殊的阶段，生理的骤然变化、心理的巨变带来了心理治疗工作开展的挑战。部分NSSI青少年心理治疗的动机较弱，如果只是借助谈话治疗，很难建立治疗关系，而导致青少年心理治疗脱落率非常高。游戏治疗中运用各种形式的非语言信息，如角色扮演、体验学习来获得积极情绪，对抗恐惧情绪，宣泄负性情绪，获得压力管理的能力，提高心理复原力，提高治疗动机，最终促进青少年的心理成长，帮助NSSI青少年渡过青少年时期。

3. 如何在NSSI青少年中开展游戏治疗

1）常用的游戏策略

（1）讲隐喻故事，它可以用来帮助来访者洞察并（或）做出改变的广义指导性游戏治疗策略中的一种。可以是治疗师直接讲隐喻故事，可以是治疗师和来访者合作讲故事，可以共同来做阅读治疗。通过隐喻故事这一媒介，帮助来访者洞察，并且在行动上优先发生改变。

（2）运动/舞蹈/音乐体验，在治疗中加入运动、音乐、舞蹈、肢体动作，能够帮助很多有特殊议题的来访者，如感觉统合问题、注意力缺陷问题、行为问题、学习障碍、社交技能缺陷、情绪障碍。

（3）沙盘游戏治疗，一种用许多小玩具和一个沙盘作为媒介进行探索和表达的游戏治疗。来访者喜欢选择沙具，通过在沙盘中摆放进行创作，这是一个自由的过程，来访者的心灵世界会清晰地呈现在沙盘里，从而促进其心智化的过程。

（4）艺术技巧，在游戏治疗中运用一些艺术技巧来帮助来访者探索情感、关系、认知，如绘画、拼贴画、做布偶、建造等。这个过程既帮助来访者在艺术创作中宣泄情绪、学习人际交往的技巧，也可以促进儿童青少年动作技能的发展，同时艺术技巧提高了来访者参与其中的热情，增加心流体验。

（5）结构化游戏体验，可以非常简单，比如接球、投球、吹泡泡，也可以是更复杂的活动，比如木偶剧、角色扮演、桌游，从而帮助来访者获得洞察，催化改变。

心理治疗的生活化，即生活中所有的元素都可以融入到心理治疗的过程中，让心理治疗和生活贴得很近，以上总结了常用的游戏策略，还有很多日常生活中的游戏都可以融合进治疗中。

2）在NSSI青少年中怎样开展游戏治疗

（1）建立关系。在关系中开展心理治疗，在心理治疗中加深关系。对NSSI青少年而言，建立关系尤为重要，他们可能经历了依恋创伤、遭遇了负性的生活事件，进而造成他们在建立信任的关系上存在困难。游戏治疗提供了丰富多彩的形式来建立治疗关系，同时运用Arrien发展的四部曲可以更有效地建立关系。四部曲是Arrien（1993）发展出的一套准则，用以描述疗愈自我、与他人和环境和谐相处的过程。四部曲由四条准则组成：第一条，陪伴并选择与来访者同在。第二条，关注有感情和有意义的内容。第三条，不带责怪或评判地说出事实。第四条，接纳结果，不执着于结果。这四部曲在任何的人际关系中都是适用的，而对于NSSI青少年建立关系是治疗的第一步。

（2）探索内在动力和人际动力。通过游戏治疗帮助NSSI青少年了解自己内在的需求，建立正面的自我形象，形成对情绪的觉察力，提高对情绪的调节能力；同时能够在游戏中学习与他人的互动，保持良好的社交能力，随之带来NSSI青少年情绪的稳定，良性情绪调节模式的建立与稳固。

（3）帮助NSSI青少年获得洞察。游戏治疗过程中的一系列对话过程帮助青少年提高自身的觉察力，比如在讲隐喻故事时，NSSI青少年的无意识植入被打开，开始现实生活中的行动。

（4）协助NSSI青少年在游戏治疗中做出改变。游戏治疗中的直接指导、间接教学、积极情绪的形成会帮助青少年建立信心、催化改变。

（七）团体心理治疗

1.团体心理治疗理论概述

团体心理治疗（group therapy）也被称为集体治疗或小组治疗，是一种相对于个体心理治疗性价比更高的心理健康服务方法。团体心理治疗顾名思义是以团体、小组的形式开展治疗，通常团体的成员为8～12人。团体心理治疗中NSSI青少年会充分体验到团体心理治疗的11个有效因子：①重塑希望；②普遍性；③传递信息；④利他主义；⑤原先家庭的矫正性重现；⑥提高社交技巧；⑦行为模仿；⑧人际学习；⑨团体凝聚力；⑩宣泄；⑪存在意识。

青少年时期对人际环境有强烈的归属渴求，但是NSSI青少年通常在人际交往方面显现出来矛盾性：外在的人际孤独与内在的渴望归属。具体而言，青少年时期因为自我发展还比较脆弱，如果再缺乏人际交往技巧的话，青少年就会感受到强烈的人际交往挫败感，进而其会发展回避或安全行为——拒绝发生人际互动。团体心理治疗为NSSI青少年提供了一个同龄人的社会群体，在团体中建立希望感、学习社交技能、通过大家共同的问题获得普遍感、在宣泄中释放情绪，最终在团体的强大凝聚力之下感受到自我的存在。

2.团体心理治疗开展的形式

团体心理治疗有各种不同的形式，可以根据不同的心理治疗理论来进行分类，如认知行为治疗团体、人际治疗团体、辩证行为治疗团体；可以根据团体中借助的媒介来分类，如音乐治疗团体、舞动治疗团体、手工治疗团体、游戏治疗团体、隐喻故事治疗团体；可以根据团体存在的时效分类，如一次性开放团体、封闭连续团体。我们接下来讨论一下青少年的结构化团体，聚焦具体主题，提高治疗效率。

结构化青少年团体心理治疗通常会针对某个主题设计6～8次结构化的治疗，以短程、问题解决为导向，同时借助任何对团体成员有帮助的治疗形式，如上文谈到的游戏治疗的丰富形式来开展团体心理治疗。

3.团体心理治疗开展的内容

为NSSI青少年开展的团体心理治疗内容有愤怒管理、自尊与自信、压力管理、社交技能。

4.NSSI青少年情绪管理团体

这是一个封闭式认知行为治疗取向的团体，招募门诊NSSI青少年参加团体治疗，共设计了6次的团体治疗。具体如下：①形成团体，导入情绪管理的主题，心理教育；②心理教育，参观情绪动物园；③情绪管理的基本技巧，想象、放松；④情绪管理的高级技巧，知道情绪什么时候会来，检查出来：自己是否完美主义；⑤情绪管理的高级技巧，直面情绪，心理演练；⑥回到当下生活，总结回顾，结束团体治疗。

（八）家庭治疗概述

略，详见第五章。

三、针对 NSSI 青少年整合性心理治疗内容介绍

（一）开始阶段

1.建立治疗联盟，诊断评估

NSSI青少年进入心理治疗室后，主动建立治疗关系，进行专业评估，在评估后形成专业判断。特别是面对被父母带到治疗室的青少年，治疗师需要在15分钟内吸引其注意力。"我知道肯定有问题，否则你不会来这里。改变你并不是我的工作。我甚至不认为需要解决你的问题。你可以自己做出选择。在这个时刻，我只想了解你是谁。当我们相互认识之后，我们可以看看在生活中你想要做出改变的一些方面。由你来做主。""我很高兴你在这个时刻来看我。我能看出你有多痛苦，你正经历着极其困难的煎熬；我想要让你安下心来，这样，痛苦将不再继续下去。事实上，我想要指出的是你已经感觉好一些了，因为你出现在了治疗室。告诉另外的人你发生了什么事情，并且知道你的话有人听、有人懂，这会让你感觉好受一些。尽管我不能给你任何保证，如解决你的问题到底得花多长的时间，因为大部分取决于你。但我能告诉你的是，我已经帮助了许多有和你类似的问题的人。我期待你将在很短的时间内注意到自己取得了一些进展。"

通过以上两段话，我们知道和NSSI青少年建立治疗关系多么不容易，特别需要在治疗一开始的时候就能快速鼓励其加入访谈。当他们加入到治疗之后，建立治疗同盟时进行评估问诊，但是对于NSSI青少年的评估访谈需要在动机激活和信息收集之间找到一个平衡点。这个平衡点在于既能让NSSI青少年保持对心理治疗的兴趣，又能尽可能多地收集到评估所需的信息。

2.收集信息，构建个案概念化雏形

收集信息的基础上同时激发NSSI青少年的求助动机，建立问题清单，同时构建个案概念化的雏形。与NSSI青少年及其家长共同探讨个案概念化，一方面可以激发治疗动机，另一方面同时强化了治疗同盟，

为未来的治疗干预指明方向。

信息的收集包含但不限于：①来访者的一般资料：如年龄、年级、宗教信仰、家庭经济状况、居住情况等；②既往的心理治疗史，是否接受过心理治疗，接受过怎样的心理治疗，对心理治疗的印象、收获或不满等；③教育背景，在哪里求学，学业成绩水平如何，对自我学习的期待；④家庭背景，依恋关系的发展、自小身体发展状况、父母的状态、家庭互动关系、父母的教育方式等；⑤人际关系发展，自幼人际关系发展状况、目前最亲密的人、恋爱情感的发展状况等；⑥问题行为的发生发展的过程，比如自我伤害行为何时开始、何时加重、中间是如何转归的，问题发生发展的时刻有哪些社会心理因素；⑦资源系统，来访者在问题行为发生发展的过程中，哪些资源在帮助其渡过难关的；⑧形成专业评估判断；⑨建立个案概念化雏形。这9个方面的信息作为一个访谈框架，在前4次的访谈中随时都在收集信息，形成个案概念化雏形，在合适的时机和来访者分享讨论雏形的个案概念化。

（二）情绪的耐受与调节

NSSI青少年自我伤害行为存在生命安全相关的问题，而自我伤害行为通常和情绪状态相关，因而优先将情绪的耐受与调节放在比较重要的位置上。进行自我伤害行为的功能分析，在行为的微观分析上帮助NSSI青少年发现情绪在什么情况下会出现，澄清、鼓励其进行情绪的表达与宣泄，帮助青少年寻找具有建设性的情绪调节方法。

首先了解到NSSI青少年除了自我伤害行为，还尝试用过哪些行为来应对情绪状态，同时鼓励其探索他们从各种渠道知道的其他情绪调节的办法。当他们表达想不出来办法时，治疗师可以提供不同的情绪调节方法选项来激发和鼓励NSSI青少年尝试用新的情绪调节方法来应对自己的情绪，并且在下一次访谈时跟进其使用的情况，肯定其进展的地方，探讨其难点的地方，从而将良性的情绪调节方法强化固定下来，增强NSSI青少年自身的情绪调节能力。

（三）资源取向的治疗

在心理治疗的过程中，时刻以资源为取向，访谈中促进NSSI青少年发现自身的优势。一个人的优势可以是外在的，如良好的家庭经济水平、良好的外形条件；也可以是内在的，如坚忍的性格品质、乐观的品质、指引自身的信念。作为心理治疗师，我们需要对发展中的NSSI青少年保持希望。我们在治疗关系中作为一个重要的客体，当我们始终从积极心理学的观点看待一个人、理解一个人，我们更容易发现NSSI青少年即便在最糟糕的状态里也拥有他们自身的资源，而且治疗师是用一种自然而然的方式引导、呈现在他们面前，这个过程会非常有力地帮助NSSI青少年获得重新看待自己的能力。

心理治疗师可以时刻牢记以下一些开放式提问："在那个时候，你是怎么帮助自己坚持下来的呢？""我听到那个时候的处境那么不容易，是什么帮助你撑下来的？""我听到你一直在讲自己非常糟糕的部分，我很好奇除此以外，哪些是良好的部分呢？"

（四）未来生活的希望

在心理治疗的过程中，时刻灌注生活的希望。青少年从10岁左右开始逐渐形成"我"的意识，然而青春期是像蛹一样的时期，承受着痛苦与不确定，甚至可能"死亡"的风险，消失、不面对问题的想法时刻会出现在NSSI青少年的头脑中。然而NSSI青少年尽管有这些自杀的想法，但是他们也会因为某种希望而活着。有些青少年是与朋友之约，有些青少年是想去的某个地方，有些青少年是担心自己的家长，有些青少年是喜好的某样物品，甚至就是"先活过今天"这样的想法，总之NSSI青少年们也在尽自己最大的可能帮助自己拥有活下去的希望。我们作为专业工作者，更需要用心体会他们的希望，帮助他们真正看到希望、感受到希望，这贯穿着治疗的每一个进程。

（五）家庭整体干预

安排和父母的访谈，帮助父母了解并理解青少年时期的生理、心理特点，在保密的前提下与父母分享对NSSI青少年的个案概念化。同时帮助父母学习与青少年的沟通方式，学会自我的情绪调整与稳定，处理家庭结构与功能中存在的冲突，最终在NSSI青少年治疗康复的过程中能够做到"不干涉不放弃"。"不干涉"的宗旨是在于青春期是个体崇尚自由、自我意识快速发展的阶段，"不干涉"能够为青少年提供自我意识发展的足够空间。"不放弃"的宗旨是无论青少年展现出怎样糟糕、让家庭担忧的行为，但是作为他们身边的重要他人依然坚定地守护在青少年身边，相信青少年生命的力量。

（六）发展问题解决策略

NSSI青少年通常会面临着具体的现实困难处境，如遇到学业困难、人际交往困难、遇到急性应激事件等，因而帮助NSSI青少年发展灵活的问题解决策略是必要的。在这个过程中作为专业人员应该避免直接建议青少年如何解决问题，首先需要和NSSI青少年共同讨论"困难"本身，引导其发现这里面真正困难的是什么，从而鼓励其从不同的角度去尝试解决这个问题，在行动中去增长自己的能力，最终实现自身解决问题能力的提高。

四、针对自伤自杀青少年心理治疗案例介绍

1. 一般资料

小红，16岁，高一学生，就读于某地级市中学，汉族，无宗教信仰。身高160 cm，学生样发型，体形稍显消瘦，皮肤白皙；言谈中逻辑清晰，行为举止礼貌大方，不苟言笑，偶有些许笑容。

2. 问题行为发生发展过程

小红从初三上学期开始出现胸闷、头痛，时常感觉到压抑；情绪低落，特别低落时，会用刀划伤手臂。初三下学期因情绪低落、胸闷接受住院及门诊治疗，治疗后有所缓解。初三暑假期间好转明显，偶有胸闷，情绪平稳，无自伤行为。升入高中后，学业表现总体中等水平，但

因偏科严重，特别是高一下学期进入文科班之后，数学成绩严重影响总成绩。在高一下学期临近期末的一次考试中数学只有50分，小红感觉崩溃，心慌、胸闷、无力感明显，情绪低落，出现自杀想法，极度崩溃时划伤手臂，并且拒绝去上学。

3. 家庭背景

父亲本科学历，先当老师后进入当地公务员系统，担任某部门领导，性格急躁、严厉并且对小红期待高；母亲大专学历，职业为小学教师，性格随和。父母年龄均为40岁，小红是独生子女。父亲在学习阶段成绩优异，通过自己的努力经过一层层选拔走上公务员岗位，自小培养小红的学习兴趣，严格要求小红的学习和生活习惯。

父亲上有姐姐，下有妹妹，父亲排行第二，而且为家中唯一男孩。妈妈也有上有哥哥，下有弟弟，母亲也是排行第二，家中唯一女孩。小红出生后，由爷爷奶奶帮忙照顾，自此三代同堂，五口人生活在一起。爷爷脾气急躁，奶奶比较温柔，爷爷奶奶对小红无微不至、宠爱有加。小红同样特别心疼爷爷奶奶，当自己心情不好，听到爷爷叹气时感内疚，精神压力巨大。

自从初三状态不好后，父亲刚开始不能接受小红生病了，坚持认为小红是因为被家人宠坏了，行为习惯不佳导致的问题。经过妈妈的帮助，现在爸爸能够接受女儿的状况，并且愿意积极加入治疗帮助小红走出抑郁情绪。

4. 个人成长史

小红从小性格活泼外向、好胜心强，在小学阶段学业成绩一直名列前茅，受到老师及同学的喜爱。进入初中后，因为理科成绩相对较弱，导致初中成绩在排名上有所下降。当成绩下降后小红感焦虑、自责，父亲对小红成绩下降反应强烈，担忧小红成绩，指责小红学习方法问题，同时指导小红改变学习方法。高一上学期期末文理科分班后，小红进入文科班学习。因为小红数学成绩不理想，父亲再次提出"作为文科生数学是最重要的学科"，小红很害怕数学考试，努力参加各种数学补课培训。结果高一下学期临近期末的一次数学只考了50分，小红感无望、情绪低落。高一文科学习后总体成绩保持在中等水平。

在人际关系方面，小红待人友善，乐于与人交往，有几位固定的好朋友。

5. 认知行为治疗的个案概念化

小红在全家人的瞩目下出生，家人倾注了所有的爱。父亲在小红幼年时期开始便刻意培养，对小红在学业表现上有很高的期待。在这种期待和宠爱之下，小红形成了顺从的人格特点，"只有家人高兴了，我才能成为一个有用的人"，小红形成了对自己的核心信念"我是一个无用的人"。进入到小学阶段之后，小红成绩非常优异，得到了家人的一致称赞，得以建立自身的自尊水平。然而进入到初三至高中后，理科的学习对于小红来说是一个挑战。理科成绩的水平挫败了小红的自尊，再加上家人特别是父亲的失望，激活了小红的负性核心信念"我是无用的、我很失败"（图4-1-2）。

6. 心理治疗计划

通过个案概念化，我们了解到小红在学习方法与学习自信、家人对小红的期待、小红的自尊水平都需要在心理治疗的过程中得到充分的工作，从而与小红共同探讨之后制定心理治疗计划：①充分评估理科学习的"困难"，明确具体困难的点，寻找突破这个"困难"点的具体而多元的解决办法；②邀请父母加入访谈，降低家庭期待，鼓励父母在未来能够正向肯定小红；③提高小红情绪调节能力。

7. 心理治疗干预过程

1）开始阶段（第1～2次，建立治疗联盟，收集信息，进行心理评估，构建初步的个案概念化）

建立治疗关系，收集信息，形成评估判断，进行行为功能分析，明确小红在学业表现中的具体问题，与小红讨论个案概念化和治疗计划。

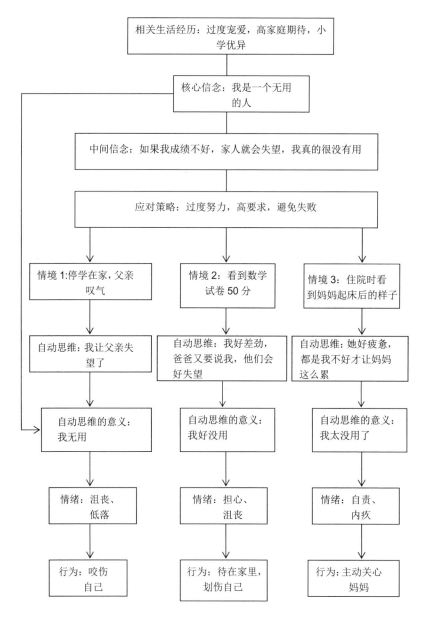

图4-1-2　个案概念化

2）中间阶段（第3～5次）

（1）情绪的耐受与调节。与来访者探讨情绪调节，进行自我伤害行为的功能分析，拓展情绪调节方法。

通过和小红澄清自伤行为的具体情境，帮助其发现情绪困扰的负面应对方法，从而激发改变动机，尝试健康的情绪调节方法，小红表示当心情不佳的时候可以和妈妈倾诉或者在房间里画画。

（2）资源取向的治疗。通过访谈中的呈现，小红发现自己拥有良好的社交技能，同时能够在除了数学学科的学业中获得自己满意的成绩。家庭经济状况良好，能够支撑来访者的需求。

（3）未来生活的希望。在访谈中，小红多次表达期待自己能够考取大学，对大学生活有着非常强烈的向往。

（4）家庭整体干预。邀请父母加入访谈，帮助其理解青春期的生理心理特点——青少年需要得到自主感，另外帮助父母降低期待，尊重小红自身的发展力量。在沟通方式上逐渐以肯定为主，并且时刻能够发现来访者的资源与能力。

（5）发展问题解决策略。针对理科学习的"困难"点，引导小红从多个角度来发现哪些具体的解决策略；同时帮助小红发现其对这个"困难"点存在认知偏差，从而更合理客观地看待自己在数学学习方面的状态。

3）结束阶段（第6次）

回顾治疗过程，总结收获，对未来生活中可能遇到的挑战进行预演，将治疗中获得的能力迁移到未来。

8. 反馈与总结

小红因在住院部接受药物治疗和心理治疗，所以入院后情绪明显好转，对自己未来文科学习中的数学课程有了更清晰的认识，能够通过其他科目的精进来提高总分，在放松的考试状态能够取得更好数学考试的表现。在情绪调节方面来访者探索到如唱歌、做手工、约会朋友、找母亲倾诉等方法帮助自己。父母在访谈之后能够主动调整，积极帮助小红康复。

第二节　非自杀性自伤的其他治疗研究进展

一、药物治疗

关于NSSI的精神药理学效应的经验证据主要有4个药物类别：非典型抗精神病药物（如阿立哌唑和齐拉西酮）、选择性5-HT再摄取抑制剂SSRIs（如氟西汀）、5-HT和去甲肾上腺素能再摄取抑制剂SNRIs（如文拉法辛）和阿片类药物拮抗剂（如纳曲酮）。

1.阿立哌唑

*DSM-5*中NSSI已被作为一个独立的疾病诊断，但仍有个别诊断标准将NSSI作为BPD的一个症状，因此，临床上对NSSI的药物治疗多参考BPD的治疗方案。研究报道，阿立哌唑可减少BPD的NSSI行为。

一项随机对照试验专门评估了阿立哌唑降低NSSI行为的效果，在BPD的成年患者中，与安慰剂对照组相比，干预组在阿立哌唑治疗期间，NSSI的发生率更低。

2.齐拉西酮

齐拉西酮为新的非典型抗精神病药，可能通过对多巴胺和5-HT2的拮抗作用而发挥抗精神分裂症的作用。NSSI是精神科常见行为问题之一，目前尚不明确青少年NSSI行为的发生发展机制。有研究显示，与NSSI相关的神经生物学因素包括多巴胺系统、肾上腺素系统、HPA轴、内源性阿片肽、疼痛感知水平等相关。

一项非随机对照研究发现，与其他抗精神病药物（利培酮、奥氮平、异丙嗪等）相比，齐拉西酮可有效降低青少年NSSI的发生率和发生频率。

3. 纳曲酮

盐酸纳曲酮是一种口服有效的麻醉剂拮抗剂，已被美国食品药物监督管理局批准用作治疗阿片类药物和酒精依赖者的辅助药物。既往研究表明纳曲酮对自伤行为有效。因此，研究者将纳曲酮用于治疗NSSI行为患者。研究发现，使用纳曲酮作为增强剂来治疗BPD的成年患者，其NSSI的发生率和发生频率与基线相比显著降低。

尽管许多报告表明纳曲酮对NSSI行为有效，但在对照试验中记录了多例纳曲酮无反应的病例。对关于纳曲酮治疗NSSI行为的疗效的文献回顾也得出相互矛盾的结论，包括没有显著的疗效和临床价值。因此，纳曲酮的临床效果的大小和广度也受到了质疑。

4. 舍曲林

青少年NSSI与焦虑、抑郁互为因果，焦虑、抑郁可导致 NSSI 频繁出现，NSSI 是焦虑、抑郁发生的危险因素。青少年NSSI共病焦虑抑郁增加了疾病复杂性和治疗难度，在治疗青少年 NSSI 过程中一定要重视对其焦虑、抑郁情绪的诊治。目前，舍曲林治疗青少年焦虑、抑郁障碍安全有效。

一项探究阿立哌唑联合舍曲林治疗青少年NSSI共病焦虑、抑郁患者的临床效果及安全性的研究，对照组采用单一舍曲林治疗，观察组采用阿立哌唑联合舍曲林治疗。结果显示，治疗 1、2、4 周末，观察组汉密尔顿抑郁量表（HAMD-17）、汉密尔顿焦虑量表（HAMA）评分低于对照组，说明阿立哌唑联合舍曲林治疗青少年NSSI 共病焦虑、抑郁安全有效，也显著降低了NSSI 行为的发生率。

5. 氟西汀

NSSI 与情绪管理失调有关，NSSI 是应对负性情绪的一种行为方式。青少年出现NSSI行为与焦虑、挫败、内疚自责、压抑、烦躁等强烈的负面情绪有关。改善NSSI患者的情绪可能降低NSSI行为的发生率。目前临床治疗NSSI行为的主要手段仍然是传统的抗抑郁药。如SSRIs、5-HT、SNRIs。一些非对照试验的研究结果表明氟西汀药物可显著减少NSSI的发生率及发生频率。

目前关于NSSI的研究尚处于起步阶段，与其流行病学、症状学的研究相比，治疗方面的研究是相对缺乏的。由于其确切的病理生理以及病理心理机制尚不明确，针对其病因有效的治疗策略尚处于研究阶段。因此，目前尚无一种药物显示出针对NSSI的一致性的疗效。因此，建议更多的随机对照研究用于研究精神科药物对NSSI患者的有效性。

二、物理治疗

目前临床上针对NSSI患者的物理治疗主要包括有改良电休克治疗、重复经颅磁刺激治疗。

1.改良电休克治疗

电休克治疗又称电抽搐治疗（electro convulsive therapy，ECT），是以适量的电流通过大脑，诱发大脑的痫样放电并伴有短暂意识丧失和肌肉抽搐，最终改善精神疾病症状的一种方法。无抽搐电休克治疗（modified electro convulsive therapy，MECT），又称改良电休克治疗，相较于传统电休克增加了麻醉剂及肌松剂的使用，减轻了肌肉抽搐和病人对治疗的恐惧，缩短大脑缺氧时间，减少了对大脑的损伤。MECT目前是精神科领域最有效的非药物治疗手段。

MECT可改善患者的情绪，但其机制尚不清楚，可能的机制包括增加血脑屏障通透性、改变乙酰胆碱能和GABA能神经元的功能状态、增强5-HT受体的敏感性以及增加催乳素释放和血浆中内啡肽及前列腺素E_2浓度等。MECT可快速有效地治疗抑郁症，并可明显降低患者自杀死亡率，其疗效为86.7%～94%，优于三环类药物。治疗后，患者能够正常工作，对生活影响较小。治疗抑郁障碍时，MECT的次数一般为8～12次，其近期疗效较为明确，但疗效维持时间较短，因此应与一种抗抑郁药合并治疗，避免治疗后症状复发。近年来的研究提示，抑郁症对NSSI行为的发生有着不可忽视的影响，可能是NSSI的一个独立的危险因素，因此，有学者提出电休克可以作为治疗NSSI的一种方法。

除此之外，有学者认为，NSSI患者存在反复的自伤行为，反复的自伤行为可以被看作是一种刻板的类型，即紧张症的典型症状。而电休克对于紧张症的治疗是比较敏感的，所以提出电休克可以作为治疗自伤行为的一种方法。一例关于19岁的孤独症伴中度精神发育迟滞的个案报道中，该患者同时有严重的抑郁化及重复的自伤行为，既往3年的精神药物及行为干预均无明显效果，然而在双侧电休克治疗之后以上症状得到了缓解。然而，一项探讨自伤行为对青少年MECT反应的潜在影响的研究发现，伴有自伤行为的青少年抑郁症患者接受MECT治疗后，自伤行为的存在与较低的治疗反应和缓解概率显著相关。除此之外，研究发现MECT在青少年和青壮年人群中的有效性比一般成人中的有效性差。

青少年是自伤和自杀行为的高发群体，对青少年自我伤害的治疗方式尚处于探索阶段，目前在针对青少年抑郁症NSSI行为意图的MECT治疗研究的方向，能发现的资料较少，因此，针对MECT对NSSI患者的疗效研究也需要更多的样本，为伴自杀自伤行为的青少年抑郁症患者探索更多的治疗可能。

2.重复经颅磁刺激治疗

重复经颅磁刺激治疗（repetitive tanscranial magnetic stimulation，rTMS）利用特殊设计的刺激线圈，放置于前额叶皮质区域，在刺激线圈上通以高强度的脉冲电流产生一个短暂的磁场，这个磁场穿过头骨，该磁场在神经组织中诱发感应电流或使神经元去极化，对大脑皮质神经细胞产生电刺激从而产生神经心理学效应。适当形状的线圈会在主要的特殊皮质区域产生局部刺激。rTMS是抑郁障碍非药物治疗的重要手段之一，因其无创性而得到逐步推广。

rTMS有中度抗抑郁效果，短期内在改善抑郁症状和自伤行为方面均有效。rTMS的抗抑郁机制可能是通过影响深部脑组织如基底核、纹状体、海马、丘脑和边缘叶等局部大脑皮质兴奋性和血流活动，引起脑内神经递质、细胞因子及神经营养因子的改变而发挥作用。影像学研究显示，背外侧前额叶皮质与脑内边缘区的活动高度相关，在抑郁障碍中可能发挥着重要作用；rTMS除了刺激局部神经元的活动外，也调节与情感、动机和觉醒相关的脑区，如纹状体、丘脑和前扣带回等。

　　基于神经递质方面的证据也逐渐清晰。rTMS已被证明应用于背外侧前额叶皮质（DLPFC）时可以减少实验性诱导疼痛和慢性疼痛，为研究与前额叶rTMS诱导镇痛的解剖学和药理机制，Trylord等人进行了一项对照、双盲、交叉研究，将24名健康志愿者被随机分配为真假对照组，随机注射静脉盐水或纳洛酮预处理，在基线和经颅磁刺激治疗后0、20、40分钟，分别通过定量感觉试验评估急性热痛和冷痛，以及通过阻断试验评估辣椒素治疗皮肤的热痛。结果发现与假刺激相比，真rTMS减少了热痛和热适应痛。研究数据表明，DLPFC通过调节脊髓上阿片能回路的增益来介导自上而下的镇痛。这一潜在的途径可以解释前额经颅磁刺激如何减轻疼痛，表明左DLPFC rTMS镇痛需要阿片活性，提示rTMS驱动人大脑内源性阿片能镇痛。有研究利用有自伤史的青少年静息状态下的阿片类物质水平较低这一特征，使用增加内源性阿片物质水平的治疗方式（如针灸）可以增加 β - 内啡肽和脑啡肽的水平，成功降低青少年抑郁症患者自伤的发生率，那么利用rTMS刺激也可能驱动大脑内源性阿片肽的产生，从而降低NSSI的发生。

　　因此，如一些学者阐述，可以认为rTMS是适合对青少年抑郁症患者NSSI进行治疗的方式。但目前关于这个方面的研究可获得的已公开资料较少，暂时没有发现相关的临床研究，对青少年NSSI的测量也主要集中在行为和功能上，对自伤意念及强度方面缺乏有效的评估工具，关于rTMS的共识声明也没有把对自我伤害的治疗作为当前或未来的目标。因此这可能是未来对青少年NSSI治疗的一个研究方向。

第五章
非自杀性自伤患者家长的干预

第一节 健康教育

一、健康教育概述

（一）健康教育的发展

随着科学的进步，社会的发展，人们的目光正在转向疾病的大预防。20世纪20年代前，健康教育活动是分散的，属民间自发的活动。20年代后健康教育学科理论开始引进我国，到了30、40年代出现了健康教育理论与实践的活跃局面。1934年陈志潜编译的《健康教育原理》一书，是我国最早的健康教育专著。进入70年代以来，作为预防医学组成部分的健康教育在全球迅速发展。1988年第13届世界健康大会提出了健康教育的概念。党中央、国务院十分重视我国人民的健康发展，在党的十八届五中全会的公报中，把"健康中国"上升为国家的重要战略，提出要全方位、多维度进行"健康中国"建设，推动多层次健康教育和健康督促。在2016年发布的《"健康中国2030"规划纲要》中就把健康教育纳入国民教育体系，把健康教育作为所有阶段素质教育的重要内容，十九大再次重申了"健康中国"战略的重要性，而健康教育是"健康中国"建设的推动者，健康教育在卫生保健中的战略地位已受到全世界的关注。

（二）健康教育的概念

健康教育是通过信息传播和行为干预，帮助个人和群体掌握卫生保健知识，树立健康观念，自愿采纳有利于健康行为和生活方式的教育活动与过程。其目的是消除或减轻影响健康的危险因素，预防疾病，促进健康和提高生活质量。

健康教育的教育活动是有计划、有组织、有系统和有评价的，它的核心是教育人们树立健康意识，养成良好的行为和生活方式。健康教育的实质是一种干预，它提供人们行为改变所必须的知识、技术与服务等，使人们在面临促进健康以及疾病的预防、治疗、康复等各个层次的健康问题时，有能力作出行为抉择。

二、为什么要对青少年非自杀性自伤患者家长进行健康教育

NSSI行为通常高发于青少年，一项针对非临床样本 NSSI 发生率的荟萃分析显示，青少年人群中 NSSI 行为的发生率为 17% ~18%。*DSM-5*已将NSSI行为作为单独的临床障碍进行研究，可见NSSI已成为一个严重的精神卫生问题，严重影响着青少年的心理健康。

与NSSI行为相关的因素主要有个体心理因素、环境因素和神经生物学因素三个方面。自伤行为并不是某一个单一因素所能导致的，而是性格、情绪调节障碍、早期创伤经历、家庭教养方式、不良生活事件、同伴关系及学校环境等后天因素和与遗传有关的神经生物学因素综合作用的结果。研究发现：家庭、学校环境和社会环境对个体 NSSI 的产生均有影响，其中家庭环境起主导作用。家庭环境中不正常的家庭关系，家庭内部问题，父母过度的批评或冷漠，负性童年期事件（如父母忽视、虐待、亲子分离等）均与 NSSI 相关。由此可见，

对NSSI患者家长进行教育干预无疑会对患者的康复起到重要的作用。

同时研究还发现：NSSI行为的青少年家长不能及时意识到孩子心理健康问题，当孩子告诉家长自己的情绪状况时，多数的家长并不理解，认为孩子是学习压力过大，或是矫情、青春期叛逆所致。家长不能及时深入了解孩子心理给予帮助，反而扮演了"雪上加霜"的角色，如责骂孩子，加重病情。更有家长只注重孩子的学习成绩，对孩子的心理健康漠不关心，哪怕孩子已经出现了自伤行为，家长采取回避的方式，延误诊治，这均是因为家长对NSSI行为相关疾病知识欠缺所致，因此针对NSSI行为的青少年家长的健康教育尤为重要。

三、对青少年非自杀性自伤患者家长进行健康教育的内容

健康教育的内容有很多，从指导患者家长关注和及时发现、处理患者成长过程中心理问题的角度考虑，健康教育主要围绕以下几个方面进行。

（一）帮助家长了解预防和处理孩子的自伤或自杀行为的方法

自杀和自伤都是一种不负责任的行为，会给家庭及社会造成不良的影响，一旦发生，家长应立即本着就近的原则到医院进行紧急处理，尽可能地挽回残局。但俗话说未雨绸缪，防患于未然，在家庭、社会和个人的共同努力下，这种行为是可以预防的。

1. 解除家庭方面的压力

家庭的压力可导致青少年发生情绪危机。如父母离异、家庭不和睦等。国外研究表明，约有50%的青少年自伤与家庭破裂、家庭功能缺陷有关。而且，家庭成员中有自伤行为的青少年自伤的可能性将是同龄人的9倍。因此，父母及其他家庭成员应善于把握孩子的内心活动，给孩子相对宽松的成长环境，遇到挫折时及时予以安慰、开导，帮助解决

实际问题。这样做即便是无法解决孩子的问题，也会使其感受到有人在关心自己，使孩子意识到自己可以利用家庭、社会支持系统，从而稳定或宣泄情绪，避免悲剧的发生。

2. 社会各界要进行危机干预

自伤者从遭受挫折到实施自伤通常有一个心理过程，即从自杀观念产生到自杀行为的实施是有一个时间过程的。青少年的情绪具有冲动性、爆发性、极端性，所以当有强烈的情绪冲动时，多用行动来表达，且主要是一种近乎疯狂的宣泄行为。有自伤心理的人常表现紧张不安或不悦，可伴有头痛、恶心、呼吸短促或其他躯体不适。因此细心的家长和老师可以发现，此时如果能采取行之有效的干预措施，如谈心、给予帮助等，可起到良好的作用。此外，社会各界可以成立专门的心理咨询小组和心理询热线等，帮助有自伤意念的人解除心理矛盾。

3. 提高青少年的心理承受力

青少年自杀多与个体的性格有关，性格十分内向或抑郁素质的人，承受挫折的能力不强，而且易受到事物消极面的影响，从而产生自杀心理；性格执拗者，一旦受挫便易产生轻生念头。因此，教会青少年纠正自己的一些不良性格，掌握自我宣泄情感的技巧，建立良好的自我防御机制。一旦遭受挫折，可以选择合适的应对策略，或重新调整自己的目标，或变换达到目的的手段，重新尝试；还可以暂时放弃当前目标，从别的方面获得成功来予以补偿；可以采取妥协折中的办法，找理由进行自我安慰；悦纳自我、悦纳现实，不妨有点"阿Q"精神，俗话说知足常乐就是这个道理。我们可以用这种精神胜利来安慰自己，求取心理的平衡。

（二）帮助家长了解青少年自伤可能的原因

1. 学业遭受挫折和失败

这是青少年自伤的主要因素之一。如高考落榜、考试失利等。青少年的自尊心强，父母的期望值高，导致自我估计和自我要求过高，一旦遇到挫折，若未正确引导，就容易导致青少年自我评价低，感到失去了存在的价值。此时，青少年特别希望能得到一些认可和理解，如果父母不理解，外人也冷嘲热讽，导致其自尊心受到极大的伤害，这是影响青少年心理健康的一个风险因素。

2.家庭关系不和睦

家庭是个体的第一所学校，家庭的教养和家庭成员间的关系对青少年的心理健康影响巨大。当今社会离异或不和睦的家庭较多，在这样的环境中长大的孩子自小缺乏父母的关爱，感受到"世态炎凉"。一方面青少年自己容易认为世界不公平，偏偏自己遇上了缺乏关爱的家庭；另一方面，缺乏父母的关爱，导致青少年自身也不知如何对他人表达关爱，因而在性格上多是自卑、内向和压抑。青春期的孩子逆反心理强，容易与父母发生激烈的冲突，因此产生悲观厌世或离家出走的想法，如果这时得不到及时的安慰和正确的诱导，其失望的心理就会加重，当他们无法找到合理的方式发泄时，自伤也许就成为他们选择的一种方式。

3.同伴关系不良

同伴（即同龄人）关系是青少年成长过程中的重要人际关系。有研究表明，在学校里，同伴对青少年有着最大的、最直接的影响。与学生和教师之间的相互作用相比，同伴之间的相互作用更亲切、更丰富多变。一个关系良好且积极的同伴不仅能给予青少年情感上的支持，还能成为个体学习的榜样。通过同伴的相处也有助于青少年学习与他人相处的技能。如果青少年的同伴关系不良（尤其是与学校同学的关系），一方面影响青少年上学的积极性，另一方面，青少年期又正是非常关注同龄人对自身认可的时期，这种不良的关系，也会反过来导致青少年自我认可度低，消极的情绪若未得到合理的发泄，可能成为孩子自伤的原因。此外，如果青少年的同伴中有人采取过自伤行为，这也可能成为他们模仿学习的行为。

4.精神疾病

青少年中的某些疾病如抑郁症、慢性烟酒中毒、精神分裂症、药瘾等也会造成这种结局。据有关调查资料显示，因精神疾病而自伤的青少年占13.2％。在因精神疾病而产生的自伤行为中，抑郁症最为常见。抑郁症一般表现为：情绪低落，思维迟钝，精力下降，学习、工作效率低，不明原因的食欲减退，早醒性失眠及轻生念头等，应该引起高度重视。

（三）帮助家长了解家庭环境与心理健康的关系

家庭是人生的第一所学校，父母是孩子的第一任教师，每个人自小受家庭的哺育、熏陶，家庭环境对孩子的人格、素养培养的影响不可低估。帮助家长充分认识家庭环境与心理健康的关系，将有利于孩子的身心健康成长与发展。

家庭心理环境是指家庭成员所感受到的氛围，包括有形的物质环境和无形的家人之间的关系、家长的心境、心态及家长的教养方式等精神环境，是客观环境中直接影响人的心理活动的部分。良好的家庭心理环境是家庭教育成功的基础，是心理教育和心理辅导的有机组成部分。家庭心理环境是否健康，很大程度上决定着家庭教育的成败，在一种懒散、消极、沮丧的家庭心理环境中，家长教育孩子要积极向上，就难以收到成效。研究发现，学习差生中有30％以上的父母离异或长期分居，约70％的家庭环境是家长漠视儿童在学习上的变化，孩子学习时伴随着家长看电视、打麻将的声音，家庭成员之间的关系不和谐等。而小学学习优秀的学生中有上述情况的则分别只有5％和18％。上海市工读教育研究会杨安定等人调查的1 087名工读学校学生中，由于家长教育观点和方法不当而导致家庭心理环境不良的占93.2％。

大量的调查事例证实，生活在双亲不全家庭的孩子，出现的各种问题，尤其是犯罪率明显高于正常家庭的孩子。另外，独生子女家庭的家长对孩子过分保护，父母对子女的教育方式不当，也是造成孩子心理混乱的因素之一。有的家长望子成龙心切，往往对子女过于严厉地管教，然而这种教育的效果往往事与愿违。这些不当的管教一般包括以下几种：

1. 精神监控

要求孩子事事顺着家长的意愿去做，孩子不能有自己的心理空间。

2. 吓唬、恐吓

当孩子不听话或者错事时，家长采用吓唬的手段想以此制止子女的行为。

3. 不让孩子自由结交同龄朋友

孩子结交朋友都需要父母点头同意。

4. 不给孩子尊严

家长不顾孩子的尊严，当孩子面拿他的短处与其他孩子的长处相比，想以此刺激孩子上进。

在这样严厉的管教下，孩子几乎没有自由空间，父母与子女间的代沟会越来越明显。任何家庭缺陷，都会在幼小儿童的心灵上埋下病态的种子。因此，优良的家庭环境对孩子的健康成长至关重要。

（四）帮助家长营造一个良好的家庭心理环境

1.营造民主、和谐、亲切的家庭气氛

健康的家庭心理环境是具有民主气氛的，专制的、不平等的家长作风只能导致青少年不敢说实话，时常感到没有尊严。因此，良好的家庭心理环境要求父母爱护子女，对孩子尊重、信任，不板面孔，不随意呵斥、打骂，与孩子平等相处，少一些"家长专制"式的做法。

家长对子女除了进行适当的表扬与批评外，更重要的是要设身处地地帮助其分析原因，总结经验和教训，共同找出前进的方向，并给予鼓励。在这个过程中应允许子女提出自己的看法和见解，并认真听取。只有在民主、平等的家庭心理环境中，青少年才能够自由、彻底地展示自己的内心世界，家长也才能清楚地了解子女，从而为当好孩子的心理辅导师、为教育好子女创造可能。

2.形成健康、文明的家庭生活情趣

在家庭中，日常语言洋溢着乐观的情绪，对事物能看到其积极

的一面，对周围的人能发现他们的优点；每个家庭成员在遇到困难时，能表现出战胜困难的信心；家庭成员把业余时间都安排得井井有条，除了必要的休息和娱乐，都很自觉地学习和劳动，这种家庭环境有利于青少年接受正面的家庭教育，有利于他们形成健康的人格特点。

有一位教育家说过这样一段话："在父母自己不读报纸，不看书，不去剧院或电影院，不喜欢参观展览会、博物馆的家庭里，当然很难使孩子有文化修养。"我们总会遇到一些家长，常常责怪自己的孩子却又苦于找不到孩子不思进取的原因和解决问题的办法，上面引述的这段话，对于他们也许有所帮助。

家长要有意识地在家庭中培养文明健康的生活情趣，如关心时事形势，热爱科学，爱好音乐文艺，喜欢参加体育活动，注重文化修养，语言文明等；应在家庭中避免腐朽、庸俗的东西出现，更要防止违法乱纪行为的发生。对不文明的行为，家长要善于诱导，提高孩子辨别是非的能力，增强免疫力，同时处处以身作则，做孩子的表率。

3.树立良好的家风

良好的家风，是良好家庭环境的重要组成部分，是无形的教育手段，对孩子有潜移默化的影响。良好的家风要求家庭成员有良好的伦理道德观念，形成和睦互助、敬老爱幼、谦让有礼、积极上进、努力学习、诚实守信、热爱劳动、勤俭持家的好风尚。

家庭的每个成员都能最大限度地得到信任，有利于良好家风的形成。人与人之间没有信任便没有和谐和尊重。有些家长对子女的语言中充满讽刺、挖苦或贬低的言词，虽然这些言词并不定代表其内心的真实认识，但它们对青少年的影响却非常大，这会使孩子产生"不信任感"，从而削弱家庭教育的作用。家长给予孩子多一些信任、尊重、希望和好感，孩子就能从家长那里得到积极的暗示——自己是个"有出息"的人，只要去努力就一定能够不断获得成功。那么，他就有可能会挖掘自己的内在潜能，从而得到充分发展。

（五）帮助家长了解心理健康

研究显示：多数的家长不能及时发现孩子的心理问题，因此治疗不及时。帮助家长认识、识别孩子的心理问题十分重要。根据青少年的年龄特征、身心发展的特点及特定社会角色的要求，心理健康的标准综合起来主要有以下几个方面。

1.智力正常

智力是一种以脑的神经活动为基础的偏重于认知方面的潜在能力，其核心是抽象思维能力，包括人的记忆力、观察力和想象力等。智力反映出一个人认识事物和解决问题的能力，是衡量心理健康最重要的标准之一，是正常生活、学习和工作的基本心理条件。因此，智力是否正常是衡量心理健康的首要标准。

2.情感积极稳定

情感是指人的需要是否获得满足而产生的体验，如愤怒、恐惧、欢喜、悲伤等。青少年情感积极稳定主要表现为：情感积极而不消沉，情感反应灵敏而且适度，情感真挚而且稳定；能经常保持愉快、开朗、自信、满足的心境，对生活、事业和前途充满信心和希望；具有调控自己的情感以保持与环境变化相平衡的能力。

3.意志品质坚强

意志是指自觉地确定目的，并根据目的选择手段、支配和调节行动，从而克服困难，实现预定目标的心理过程。青少年意志品质坚强主要表现为：在意志活动中具有自觉性、果断性、坚持性与自制力；善于分析情况，果断坚毅；能坚定不移，持之以恒，同时又不固执刻板；具有自制力，能控制一时的感情冲动，约束自己的言行，抵制各种不正当的诱惑，不放纵自己。

4.人际关系和谐

人际关系是指人们在相互交往过程中，彼此间相互影响而形成的一种心理上和社会上的联系。人际关系的好坏反映人们在相互交往中的心理满足状态及人与人之间心理上的距离。青少年人际关系和谐主要表现为：乐于与人交往，既有较稳定而又广泛的群众基础，又有知心朋友；能用尊重、信任、友爱、宽容、谅解等积极态度与人相处，分享、给予和接受爱与友谊；交往中保持独立而完整的人格，有自知之明，不卑不亢；关心集体，热爱集体，热心参与集体活动。

5.积极的自我观念

自我观念一般是指个人对自己身体、性格、能力、兴趣等多方面的认识与评价，也包括对个人与他人及环境关系的认识，以及对个人现实生活的感受与评价。心理健康的青少年能够客观地看待自己，了解自己的长处与短处，并对此有适当的自我评价，不以自己之长而自傲，也不因自己之短而自卑；自立、自尊、自信、自强，既不自高自大，又不自责自怨；勇于承认错误，善于自我批评；能悦纳自己的体貌和风格，不自暴自弃；能够根据自己的实际情况确立抱负水准，成为自己命运的主人。

6.人格完整统一

人格完整统一是指有健全的人格，即个人的所想、所说、所做都是协调统一的。心理健康的青少年其人格结构的各要素完整统一，具有正确的自我意识，不产生自我同一性混乱；能以积极进取的人生观作为人格的核心，并以此为中心，把自己的需要、愿望、目标和行为统一起来。

7.适应能力较强

适应是指对自然环境和社会环境的顺应，根据环境条件改变自身。青少年适应能力强主要表现为：能和社会保持良好的接触，对社会现状有较清晰正确的认识，思想和行为都能跟上时代的发展步伐，与社会的要求相符合；当发现自己的需要与社会需要发生矛盾时，能迅速进行自我调节，以求和社会协调一致，而不是逃避现实，更不是妄自尊大、一意孤行，与社会需要背道而驰。

8.行为符合年龄特点

一个人的举止、言行符合其年龄特点是健康的表现；反之，严重地偏离了自己的年龄特点的行为是不健康的表现。青少年是处于特定年龄阶段的特定群体，应具有与年龄和角色相适应的心理行为特征。

（六）帮助家长对青少年进行日常教育

1.人际关系指导

指导青少年在人际交往中，要跳出以"我"为中心的怪圈，对别人要热诚、坦率、谦虚、团结、友爱；要为人宽厚，能屈能伸，生活中不斤斤计较；能正确对待各种不公平现象，能容人，能让人，能冷静处事，能理智待人。

2.挫折承受力与意志力的培养，逆境中成长的教育

教育青少年能承受挫折，经得起打击；培养青少年钢铁般的意志和顽强的奋斗精神，不因一时挫折而消沉；在艰苦环境下不悲观，不落魄；能吃苦耐劳，能意志坚强地坚持工作、学习、生活；培养胜不骄、败不馁的良好心理素质。

3.青春期性心理教育

青春期是性生理迅速发育且急剧变化的时期，指导家长如何解决青少年性生理成熟与性心理幼稚的矛盾，解决性生理、性心理与社会法律、道德规范的矛盾。指导家长如何正确对待早恋，家长在对青春期的孩子进行性生理教育和性心理教育的同时，使孩子认识到性生理特征是每个人成长过程的必经阶段，消除害羞、反感、恐惧、不安等不良心理，正确理解和处理好友谊与爱情的关系，抵制不良的性道德观念的影响。

（1）性教育

用科学的态度传播性知识，是青春期性教育的先导，主要内容有以下几个方面。首先是有关性生理的知识，如：男、女性生殖器官各有哪些解剖特点和功用？女孩会有哪些第二性征出现？女孩为什么会来月经？男孩会有哪些第二性征出现？男孩为什么会出现遗精？伴随性发育的进展，男、女间会出现哪些性发育的分化？等等。

其次是解除不必要的心理压力，建立健康人生观。内容如：如何正确地与异性交往？为什么不要早恋？怎样抵制来自异性的不良诱惑？怎样在集体中正确地表现自己？怎样通过丰富的课外活动驱散心理上的抑郁、烦闷、无聊情绪？怎样做到又保留自己的独立生活空间，又较好消除和父母、师长之间的"代沟"？怎样逐步建立自己的人生观、价值观和正确理想？

（2）防治青春期不良行为倾向

青春期不良行为倾向主要包括：性紧张性行为，如频繁遗精、手淫；情感问题，如焦虑、抑郁、自杀倾向；性犯罪行为，如猥亵、性攻击、卖淫；性变态行为，如恋物癖、易装癖、窥阴癖、暴露癖等；社会品行问题，如暴力斗殴、出走等。诸如吸烟、酗酒、吸毒等危害健康的成瘾行为，有相当多的人也是自青春期开始的。

虽然有上述明显不良表现的青少年只是少数，但若不及时发现并提供帮助、教育、启发和疏导，其中有些不良行为可延续到成年，给青少年的健康和终身幸福蒙上阴影。

（3）健康人格、品学兼优的教育

青少年是人格定型的关键时期，对他们进行的健康人格教育包括提高学生自我意识水平，增强对自己、对他人、对社会的责任感，培养良好的性格，形成广泛的兴趣，提高对困难和挫折的心理承受能力，掌握正确的心理防御方法，养成良好的行为习惯等。

（4）生活方式与心理健康教育

教育青少年个人的生活方式与身心健康是紧密相连的，不良的生活方式可导致多种生理疾病；培养其养成良好的生活方式，不吸烟，不过量饮酒，科学饮食，在消费中不攀比，适度消费，养成良好的日常生活卫生习惯。

（七）家长在教养过程中应避免的两种错误倾向

1.期望过高

期望是指家长对自己子女前途的希望和等待，是精神环境的重要指标。由于它有暗示和感染作用，因此期望在家庭教育诸多因素中有着颇为重要的地位。众多调查数据反映不少家长对子女的期望偏高，这些过高期望不符合孩子的实际，使孩子感到难以达到而产生自卑心理，不仅不会给孩子应有的激励和促进，反而会变成孩子无形压力的根源。

2.保护过度

保护过度是家庭教育过度化的一种倾向，它表现为对子女日常生活的过度关心和过度保护，对子女行为的过多限制和过分干涉。这是一种错误的教育态度和行为，其结果是影响孩子自信心和独立性的形成与发展，养成孩子轻视劳动、厌恶劳动的不良作风，严重的甚至会造成孩子的人格扭曲和精神变态。日本青少年研究所曾对中、日、美三国的3 575名男女高中生就"你最尊敬的人是谁？"进行调查，结果，日本学生的答案第一是父亲，第二是母亲；美国学生的答案第一是父亲，第三是母亲；而中国学生的答案前十位中竟没有父母双亲，中国父母在自己孩子心目中的地位和形象由此可见一般。中国父母对孩子付出的爱和牺牲堪称世界一流，而自己孩子的评价却如此糟糕，父母对孩子的过度保护应该是其中一个重要原因。

四、家长自身心理健康问题的识别

孩子的健康成长与他们生活的家庭环境息息相关。上海市家庭教育研究会对1 326名中小学生家长及其子女的研究表明，家长的心理健康与其子女的心理健康相关度很高。家长心理健康，其子女有心理问题的仅占11.67%，而家长有心理问题，其子女有行为问题的高达60%。所以，当孩子出现问题时可以首先让家长进行自我审视，看看家长自己是否存在心理健康问题。心理健康水平自评问卷见表5-1-1。

表5-1-1　心理健康水平自评问卷

下面是一些关于人可能会有的问题的陈述。请你仔细地阅读每个条目，然后根据最近一星期内这些情况对你影响的实际感觉，在最符合的一项打"√"，作答时间约20分钟

选项说明

很轻：自觉有该项症状，但对受检者并无实际影响，或影响轻微

中度：自觉有该项症状，对受检者有一定影响

偏重：自觉常有该项症状，对受检者有相当程度的影响

严重：自觉该症状的频度和强度都十分严重，对受检者的影响严重

这里所指的"影响"，包括症状所致的痛苦和烦恼，也包括症状造成的心理社会功能损害

	没有（1分）	很轻（2分）	中等（3分）	偏重（4分）	严重（5分）
1.头痛					
2.严重神经过敏，心神不宁					
3.头脑中有不必要的想法或字句盘旋					
4.头晕或昏倒					
5.对异性的兴趣减退					
6.对旁人责备求全					
7.感到别人能控制你的思想					
8.责怪别人制造麻烦					
9.忘性大					
10.担心自己的衣饰的整齐和仪态的端庄					
11.容易烦恼和激动					
12.胸痛					
13.害怕空旷的场所或街道					
14.感到自己精力下降，活动减慢					
15.想结束自己的生命					
16.听到旁人听不到的声音					
17.发抖					
18.感到大多数人都不可信任					
19.胃口不好					
20.容易哭泣					

续表

	没有 （1分）	很轻 （2分）	中等 （3分）	偏重 （4分）	严重 （5分）
21.同异性相处时感到害羞不自在					
22.感到受骗，中了圈套或有人想抓你					
23.无缘无故地感觉到害怕					
24.自己不能控制地大发脾气					
25.怕单独出门					
26.经常责怪自己					
27.腰痛					
28.感到难以完成任务					
29.感到孤独					
30.感到苦闷					
31.过分担忧					
32.对事物不感兴趣					
33.感到害怕					
34.你的感情容易受到伤害					
35.旁人能知道你的内心想法					
36.感到别人不理解你，不同情你					
37.感到人们对你不友好，不喜欢你					
38.做事情必须做得很慢，以保证做 正确					
39.心跳得厉害					
40.恶心或胃不舒服					
41.感到比不上别人					
42.肌肉酸痛					
43.感到有人在监视你，谈论你					
44.难以入睡					
45.做事必须反复检查					
46.难以做出决定					

续表

	没有（1分）	很轻（2分）	中等（3分）	偏重（4分）	严重（5分）
47.怕乘坐电车、公共汽车、地铁或火车					
48.呼吸困难					
49.一阵阵发冷或发热					
50.因为感到害怕而避开某些东西、场合或活动					
51.脑子变空了					
52.身体发麻或刺痛					
53.有梗塞感					
54.感到前途没有希					
55.不能集中注意力					
56.感到身体的某部分软弱无力					
57.感到紧张或容易紧张					
58.感到手或脚发重					
59.想到死亡的事					
60.吃得太多					
61.当别人看着你或谈论你时感到不自在					
62.有一些属于你自己的看法					
63.有想打人或伤害他人的冲动					
64.醒得太早					
65.必须反复洗手、点数目或触摸某些东西					
66.睡得不稳不深					
67.有想摔坏或破坏东西的冲动					
68.有一些别人没有的想法或念头					
69.感到对别人神经过敏					

续表

	没有 （1分）	很轻 （2分）	中等 （3分）	偏重 （4分）	严重 （5分）
70.在商场或电影院等人多的地方感到不自在					
71.感到做任何事情都很困难					
72.一阵阵恐惧或惊恐					
73.感到在公共场合吃东西很不舒服					
74.经常与人争论					
75.单独一个人时神经很紧张					
76.别人对你的成绩没有做出恰当的评论					
77.即使和别人在起也感到孤独					
78.感到坐立不安、心神不定					
79.感到自己没有什么价值					
80.感到熟悉的东西变得陌生或不像真的					
81.大叫或摔东西					
82.害怕会在公共场合昏倒					
83.感到别人想占你便宜					
84.为一些有关"性"的想法而苦恼					
85.你认为应该因为自己的过错而受惩罚					
86.感到要赶快把事情做完					
87.感到自己的身体有严重问题					
88.从未感到和其他人亲近					
89.感到自己有罪					
90.感到自己的脑子有毛病					

心理健康水平自评问卷评分项目及标准：所有条目分为10大类，通过因子分了解症状分布特点。因子分=组成某一因子的各项目总分/组

成某一因子的项目数。10个因子所包含项目及含义为：

（1）躯体化：包括1、4、12、27、40、42、48、49、52、53、56、58共12项。该因子主要反映身体不适感，包括心血管、胃肠道、呼吸和其他系统的主诉不适，以及头痛、背痛、肌肉酸痛和焦虑的其他躯体表现。躯体化常模得分为（1.37±0.48）分，如果因子分超过常模得分即为异常。

（2）强迫症状：包括3、9、10、28、38、45、46、51、55、65共10项。该因子与临床强迫症表现的症状、定义基本相同。主要指那些明知没有必要，但又无法摆脱的无意义的思想、冲动和行为等表现，还有一些比较一般的认知障碍的行为征象，如脑子"变空"了、"记忆力不好"等，也在这一因子中反映出来。强迫症状常模得分（1.62±0.58）分，如果因子分超过常模得分即为异常。

（3）人际关系敏感：包括6、21、34、36、37、41、61、69、73共9项。主要指某些人不自在与自卑感，特别是与其他人相比较时更加突出。在人际交往中的自卑感，心神不安，明显不自在，以及人际交流中的自我意识，消极的期待亦是这方面症状的典型原因。人际关系敏感常模得分为（1.65±0.61）分，如果因子分超过常模得分即为异常。

（4）抑郁：包括5、14、15、20、22、26、29、30、31、32、54、71、79共13项。苦闷的情感与心境为代表性症状，还以生活兴趣的减退、动力缺乏、活力丧失等为特征。还反映失望、悲观以及与抑郁相联系的认知和躯体方面的感受，另外，还包括有关死亡的思想和自杀观念。抑郁常模得分为（1.5±0.59）分，如果因子分超过常模得分即为异常。

（5）焦虑：包括2、17、23、33、39、57、72、78、80、86共10项。该因子包括一些通常在临床上明显与焦虑症状相联系的精神症状及体验，一般指那些烦躁、坐立不安、神经过敏、紧张以及由此产生的躯体征象，如震颤等。测定游离不定的焦虑及惊恐发作是本因子的主要内容，还包括一个反映"解体"感受的项目。焦虑常模得分

（1.39±0.43）分，如果因子分超过常模得分即为异常。

（6）敌对：包括11、24、63、67、74、81共6项。主要从思维情感及行为三方面来反映受检者的敌对表现。其项目包括厌烦的感觉、摔物、争论直到不可控制的脾气暴发等方面。敌对常模得分为（1.46±0.55）分，如果因子分超过常模得分即为异常。

（7）恐怖：包括13、25、47、50、70、75、82共7项。它与传统的恐怖状态或广场恐怖所反映的内容基本一致。引起恐怖的因素包括出门旅行、空旷场地、人群、公共场合及交通工具等。此外，还有反映社交恐怖的一些项目。恐怖常模得分为（1.23±0.41）分，如果因子分超过常模得分即为异常。

（8）偏执：包括8、18、43、68、76、83共6项。偏执是一个十分复杂的概念。本因子只是包括了一些基本内容，主要指思维方面，如投射性思维、敌对、猜疑、关系妄想、被动体验与夸大等。偏执常模得分（1.43±0.57）分，如果因子分超过常模得分即为异常。

（9）精神病性：包括7、16、35、62、77、84、85、87、88、90共10项。反映各式各样的急性症状和行为，限定不严的精神病性过程的指征。此外，也可以反映精神病性行为的继发征兆和分裂性生活方式的指征。精神病性常模得分为（1.29±0.42）分，如果因子分超过常模得分即为异常。

（10）其他：包括19、44、59、60、64、66、89共7个项目未归入任何因子，反映睡眠及饮食情况。

如果家长朋友们自测的因子分高于常模得分，请及时寻求专业医师的帮助，这样有利于孩子的康复。

第二节　家庭心理治疗

一、家庭心理治疗背景

家庭心理治疗被称为心理咨询与治疗领域内，继精神动力流派、认知行为主义学派、人本主义学派之后崛起的"第四势力"。自从20世纪50年代，美国精神分析师兼儿童精神科医师的纳森·阿克曼（Nathan Ackerman）首次正式提出"家庭治疗"这个概念之后，各种家庭治疗的流派纷纷崛起。

家庭治疗在20世纪80年代末，以中德心理治疗培训班为契机传入中国，是指针对家庭的心理问题而实行的心理治疗工作，家庭治疗从整体和系统的角度出发，致力于分析、调整和改变家庭关系或成员间病态的情感结构，改善家庭功能，产生治疗性影响，达到康复的目的，为解决人们现实生活中遇到的困扰提供更多有效的方法和手段。国内学者们研究较多的家庭治疗流派主要有系统式家庭治疗、结构式家庭治疗以及萨提亚家庭治疗。系统式家庭治疗作为最早介绍到中国内地的流派，其代表人物有赵旭东、杨昆、赵芳等人。他们对系统式家庭治疗模式的理论、基本技术和临床实践都进行了深入研究，进行了系统详细的整理，并思考在实际操作过程中的本土化问题。萨提亚家庭治疗用系统论的观点来看待家庭，该理论认为个人的成长离不开其原生家庭，家庭成员个人问题的产生很大程度上是和家庭系统有关，该理论在高校心理咨询工作、家庭亲子关系、青少年问题等诸多方面得到广泛运用。

二、各流派家庭心理治疗在青少年心理治疗中的应用

（一）精神动力流派的家庭治疗

精神动力流派的家庭治疗师在一个三代人的情境中观察青少年，这得以让他们接触一些小秘密、未解决的困难、丧失的关系和掩藏的感受。因为青少年会表达一些攻击和性方面的感受，这些会让整个家庭如坐针毡。治疗师想知道，在青少年子女迅速成长的性驱力和独立需求方面，是什么会让父母感到不安。父母间的互动和他们自己早年原生家庭带来的未解决问题，可能正左右着他们，问题或许不在孩子

身上。治疗师会提醒人们，不要仅仅从表面上去理解青少年的行为表现。一个女孩子非常出格的叛逆行为，可能是个信号——整个家庭对于孩子长大非常焦虑。在每一种场景中，精神动力治疗师都认为，青春期是一段无意识力量强大的时期，这会让代际两端的家人都会受到巨大的扰动。

（二）体验式家庭治疗

在和青少年工作时，体验模式常常会得到特别的共鸣。体验式治疗师强调对真实的确认，努力让家庭成员间迸发出更多真诚。体验式家庭治疗强调，和青少年工作时，真诚和自我暴露很重要。体验式家庭治疗的两个重要标志——幽默和游戏，也是该取向的家庭治疗师所高度强调的。

（三）结构式家庭治疗

结构式家庭治疗给有青少年的家庭带来了令人憧憬的信心和权威。为回应付诸行动的青少年，特别是对精神活性物质滥用或逃学的青少年。结构式家庭治疗师会有一个包含所有家庭成员的计划，通过一些行动让家庭成员去改变，让所有家庭成员都能够负责任。

（四）行为取向的家庭治疗

当治疗师和家庭都感觉到无望，感到被强烈的情感和冲突所淹没的时候，行为治疗师为青少年及其父母提供了重要的工作方法。这些方法给所有参与者都提供了系统的解决问题的视角，治疗师可以与家庭协商出安全的方法，并指导家庭具体的操作。公平的协商是这种方法的一个重点，所有的治疗至少都会有两个视角，每个视角都需要得到尊重并承担责任。

（五）策略流派家庭治疗

策略流派特殊的重要性在于它与青少年工作时那种悖论干预的能力，这与青少年本身固有的反叛性很相符。青少年期是一个联结和分离任务并存的人生阶段，青少年既非完全的成人也非完全的儿童，需要批评父母但也需要他人接纳。自我觉察并不稳定，策略派治疗师欣赏这些两难问题，把他们积极重构为青少年和父母都要同时面对的发展过程中的挣扎。

（六）系统式家庭治疗

青少年在治疗中常常拥有高度的自我意识，特别是父母也陪在旁边的时候。他们在开始治疗之前，通常被反反复复地告知他们有多少缺陷和不足。同样，父母其实也极度厌烦他们对自己孩子的负面看法，但又不知道如何从这种情境中解脱出来。系统治疗因为其明确的承诺：保持不批评的中立态度和积极的搜集多种观点，可以化解父母和青少年之间的负面互动模式。所有的家庭成员都在一个互相关联的网络里。

（七）叙事模式的家庭治疗

叙事治疗和系统治疗都避免批评或者病理化。这也容易让青少年及其父母感到放松，因为他们常常会因为结果不满意而互相指责。叙事治疗师也会在关于问题的对话中引入幽默和游戏，孩童精神对大多数青少年还是适用的。用数字和奇迹提问、讲讲家庭故事或者把问题变成一个讨厌的侵入者。这些都比直接询问痛苦的感受要更有趣。叙事治疗师不认为有效的改变必须是痛苦和严肃的。很多干预技术，特别是家谱图工作、挑战文化话语、外化问题等都需要青少年和父母的合作和创造。在实施这些干预的过程中，家庭通常一开始表现出来的退缩或者升级的冲突是治疗师将面对的基本挑战。

三、中国家庭心理治疗常见模式

（一）系统式家庭治疗

1.系统式家庭治疗概述

系统式家庭治疗就是以家庭为单位，以系统论、信息论和控制论为理论基础，着重研究人际关系和互动对心理问题的影响的心理治疗流派。系统式家庭治疗的基本概念如下：

（1）系统的概念：系统是自我组织、自我生成、自我修复、自我复制的生存单元，不仅指由物理、化学过程构成的生命体，也包括由交流、互动构成的社会系统，社会系统内各个成员之间的相互交流，以及由这些交流所引发的生理心理过程及其后果，如思维、情感及相应的神经递质改变，以及精神障碍、心身疾病。

（2）互动意识：系统思维强调环境对个体的影响，从而把治疗的焦点从个体扩展到家庭关系背景甚至其他社会系统之中。患者呈现的问题是家庭成员相互作用的结果，家庭本身才是"病人"，而症状体现了家庭系统中功能不良的互动和交流模式，因而改变病态现象要以整个家庭系统为对象，通过会谈和行为作业，以影响家庭结构、互动方式，改善人际关系。

（3）循环因果：系统思维假设，人是关系取向的生物，个体行为导致互动发生。家庭成员的互动过程及相互的影响无法用线性因果，而只能用循环因果来描述，每个行为既是原因又是结果。个体病态心理和行为并非既往事件构成的因果链条的最后一环，而是各种内因与外因之间互动关系的过程性、动态性表现，是个体自发的调节和应对系统中的因素、状态的方式。因而家庭治疗对澄清症状在家庭系统中的意义的兴趣远远大于探究问题产生的原因。

（4）资源取向：家庭治疗的价值取向是一种积极心理学，与人们习以为常的缺陷取向的思维模式相反，家庭治疗的理念是把患者／咨客看作是解决问题的专家，其具有解决问题的资源，只是未加充分利用。治疗中强调和发掘个体的长处、能力、想法和社会资源，扩展问题之外的视野，为个体和家庭带来全新的和多样化的视角，从而拓展变化发生的可能性空间。

2.系统式家庭治疗特点

（1）治疗理念主要在于家庭系统观，即任何一个个体有了病症，是因其家庭系统生病了，通常被称为来访者只不过是该问题家庭的替罪羊——认为家庭系统中某一成员的心理、精神症状是家庭系统中人际互动模式出现问题的表现，所以治疗的对象不应只是这位有病症的个体，而是整个家庭关系或家庭系统。

（2）治疗的主要目的则是帮助家庭意识到并改变正在维持当下问题的家庭人际互动模式。它以整个家庭为出发点，从家庭成员的相互关系和互动方式中寻找个体心理问题的根源，通过影响家庭成员之间的交流行为及认知和情感模式，缓解和消除症状。使家庭获得新的变化，产生良性的规则和互动模式。

系统式家庭治疗把家庭看作整体，关注人际系统中的互动性联系，重视个体与环境的交互作用，强调以发展的、全面的、积极的、多样化的视角看问题。它的诞生不是简单带来一种新的治疗形式，而是体现了一种认知和思想"范式"的转变，要求治疗师在思维方式上进行变革、适应。

（二）结构式家庭治疗

1.结构式家庭治疗概述

结构式家庭治疗是以系统控制论、建构主义等理论为基础，以家庭为治疗对象，通过对标签病人进行观察，扰动家庭的固有结构、情感等级、行为模式来帮助家庭扩大沟通、建立有效的互动方式、降低内部张力、促进家庭功能的完善。

结构式家庭治疗关注的核心是家庭结构，家庭问题深植于强有力而不可见的家庭结构中，引起家庭问题的不良家庭结构主要有纠缠与疏离（边界模糊导致家庭角色错位、家庭责任不明、家庭权利混乱等）、联合对抗（家庭成员彼此之间相互攻击）、三角缠（一方面表明了家庭成员之间的割裂，另一方面表明了家庭成员的错置，引发家庭关系的混乱）、倒三角（家庭权利分配的错位，比如子女支配父母）等，个人的症状必须在家庭的互动模式中才能得到充分理解，要想消除或减轻症状就必须改变家庭组织或家庭结构，也就是重构家庭的正常结构，而家庭问题的解决只是整体目标的副产品而已。

2.结构式家庭治疗特点

结构式家庭治疗最大的特点就是，它是一种治疗的行动而非理解，它用行动去改变家庭。它提供一个机会引导家庭成员接受新的体验，并改变家庭组织结构。它以行动先于理解的原则为基础，也就是说，由行动导致新的领悟、理解及结构的重新排列。结构式家庭治疗的治疗过程、治疗师的角色和治疗目标在实际干预过程中，可划分为三个阶段：加入、诊断和介入。每个阶段治疗师都扮演不同的角色，实现不同的治疗目标。

（1）第一阶段：加入。加入贯穿治疗的整个过程，加入既是家庭治疗的开始，也是家庭治疗的基础。在加入环节中，治疗师主要扮演以下三种立场和角色：①贴近的立场和角色，治疗师扮演家庭成员的角色，有目的地表达自己对家庭结构、联盟、规则的一些看法；②中间的立场和角色，治疗师扮演家庭问题的调查者或研究者的角色，站在中立的、主动聆听的立场，具体了解家庭成员的看法、感受，以及相互间的互动关系等；③远离的立场和角色，治疗师扮演专家、导演等角色，让家庭重演他们相互交往的模式或指导他们尝试用新的交往方式去沟通。加入的治疗目标是进入家庭的现实环境，观察家庭的言行与交往方式。

（2）第二阶段：诊断。诊断与介入通常同时进行，它是一个整合的、持续进行的部分，也是动态性的过程。在诊断环节中，治疗师扮演旁观者的角色，从家庭成员谈话中探讨、分析家庭成员间的关系但并不融入到家庭中去。诊断的治疗目标是尽可能地收集有关家庭方面的资料，具体了解、认真剖析整个家庭功能失调的地方和原因。

（3）第三阶段：介入。介入是治疗过程的最终环节也是核心环节，是促成家庭系统转化的过程。治疗师扮演指导者、支持者的角色，主要是协助家庭成员间的直接互动，必要的时候发挥引导作用。介入的治疗目标是在改变家庭成员对问题的看法和定义的基础上，改善家庭的结构，改变家庭错误的世界观。

（三）萨提亚家庭治疗

1.萨提亚家庭治疗概述

维吉尼亚·萨提亚（1916—1988），家庭治疗流派创始人，一直怀着"人可以持续成长、改变，并开拓对生活崭新的信念"这一信仰。她是最早提出在人际关系及治疗关系中，"人人平等，人皆有价值"的想法的人。由于她的治疗方法有很多地方与传统治疗方式有异，故被称为"萨提亚治疗模式"。萨提亚模式在诸多家庭治疗理论中，一直是难以归类的派别，有的教科书将之列为沟通学派，有的将之纳入人本学派，究其原因，在于萨提亚模式不强调病态，而将心理治疗扩大为成长取向的学习历程，只要是关心自我成长与潜能开发的人，都可在这个模式的学习过程中有所收获。

2.萨提亚家庭治疗特点

（1）身心整合，内外一致

萨提亚建立的这套心理治疗方法，最大特点是着重提高个人的自尊、改善沟通及帮助人活得更"人性化"，而非只求消除"症状"，治疗的最终目标是个人达至"身心整合，内外一致"。因这种以人为本位、以人为关怀的信念，她在进行家庭治疗的过程中，发展出许多特别的观念，例如"冰山理论"，是一个隐喻，它指一个人的"自我"就像一座冰山一样，我们能看到的只是表面很少的一部分行为，而更大一部分内在世界却藏在更深层次。治疗师需要做的就是透过表面行为，去探索内在冰山，每个人有自己的冰山。认识到自己的冰山，人生就会改变。

（2）人际多种沟通姿态

根据萨提亚的模式，人有多种沟通姿态：讨好型、指责型、超理智型、打岔型、表里一致型等。表里一致型是萨提亚所倡导的目标。这种模式建立在高自我价值的基础上，达到自我、他人和情境三者的和谐互动。

（3）形象化的咨询技术

家庭雕塑、影响轮、团体测温，以及用一条白色绳索展现出家庭关系图，显示个人与家庭之间的心理脐带关系。这些活动均灵活地融合了行为改变、心理剧、当事人中心等各派心理治疗技巧，这也表示萨提亚并不抱持强烈的本位色彩，她尊重并实际运用不同取向的治疗方法，兼容并蓄。

目前，萨提亚模式已经在华语世界得到广泛的推广和发展，萨提亚模式浓重的人本主义色彩和独具特色的个人风格给该疗法带来神奇的特色。中国历来重视家庭建设，个人身心健康和家庭的和谐是社会主义建设的基础，萨提亚模式虽然诞生于西方，却极其适用于中国的家庭。萨提亚模式和中国文化有许多相似之处，因此它补充完善了我们的许多信念：改变是可能的，过去的经历对现在产生影响，祖上传统在我们的成长过程中扮演着重要的角色，以及我们能够学会为我们自己负责。

四、非自杀性自伤患者的家庭治疗

（一）NSSI 家庭治疗特点

青少年的自伤行为或者自杀企图是其与家庭沟通的一种极端方式。因此，家庭会面通常来说是必要的部分，用以确保沟通交流有效，评估安全问题，并探讨住院治疗的必要性。当然，与青少年单独会面也十分重要，可以用来探讨特定话题，例如被父母辱骂，对于同性恋感情的态度等。这些可能让青少年觉得太过于隐私或者危险，以至于无法在父母面前提及的话题，尤其是首次干预会面时难以启齿，而公开这些特定话题，务必要在与青少年私下商议过后进行。

（二）NSSI 家庭治疗中治疗师需注意的问题

访谈中，一是从患者的角度进行治疗，帮助患者确定其病因及病理机制，如家庭成员关系、父母的教养方式、家庭功能等家庭系统中存在的问题，帮助家庭解决或缓解这些问题；二是从患者家属的角度来考虑，在精神与经济双重压力下，家属的心理问题也需要得到重视，帮助家属做好心理疏导。针对NSSI患者进行家庭治疗时需要注意：①构建良好的治疗关系，保持治疗师的权威性，让患者家庭感受到治疗师是尊重他们的，是可以信任和接近的；②避免家庭成员之间消极的正面冲突，治疗师必须保持中立，要避免陷入家庭联盟中；③重视家庭自身资源，家庭成员之间的相互扶持与支持是家庭治疗中一个非常重要的资源。

家庭会面中，需要评估青少年当下的安全性和住院治疗的必要性，对于自毁行为所表达的意图进行破译，心理治疗师需要确认，家庭是否能够设身处地、全身心投入地倾听青少年自毁行为背后所要表达的意愿。比如说，青少年的行为因何而生，是为了报复或者惩罚，是为了寻求帮助，或者试图获得重聚？心理治疗师需要观察家庭成员对此所保持的态度，他们是否接受青少年对自毁行为的解释。如果家庭成员的反应是支持性的，他们询问某些带有澄清性质的问题，表现出对于家中青少年某些激烈情绪一定程度上的理解，那么，就有效降低了青少年进行下一次自毁行为的风险。与之相反，如果父母的态度是对孩子表示轻蔑，是向孩子发火，那么随之而来的是孩子进行下一次自毁行为的风险将会升高。

（三）NSSI家庭治疗常用模式

作为治疗师，我们需从孩子的角度看世界，理解孩子的需求，承认情绪和想法，承认孩子作为一个人，多方结盟。

1.聚焦于症状和情境

觉察和识别症状与情境，了解症状的意义，学会接纳症状及症状带来的影响。学习处理症状的方法和技能。

2.设置灵活

可以分别与青少年单独会面，与父母单独会面，再与全家一起会面，但在这框架之下，有许多变化，治疗师需要确定谈话内容、时机及目的。也可以有不同治疗方式，如画画、讲故事等艺术表达方式的治疗，也可使用相互协作的方式等。

3.对父母的能力和自我效能感给予支持

支持父母参与到治疗中来，指导父母提高持续学习的能力、控制自己情绪的能力、兑现承诺的能力、敢于放手的能力、自我检讨的能力、快速接受新事物的能力、透过现象看本质的能力、掌握常识与逻辑的能力。指导采用正确的教育方式，提高应对能力，减少父母产生的心理压力与心理痛苦。

4.支持孩子的需求

青少年处于心理发育阶段，身心稚嫩，感情脆弱，自尊心、好胜心强，而接受批评打击的心理承受能力很弱。这一特点决定了他们的学习、行为和活动很注意别人对他的评价和反应。理解及接纳具有青少年心理、生理特点的需求。积极关注和热心支持孩子的感受，形成双向融合互动的关系和机制。

5.利用家庭资源

家庭资源并非与生俱来，是客观物质/条件经过人的挖掘、转化之后，才成为可利用的资源。引导家庭成员接纳不完美的家庭，用主动积极的视角觉察、挖掘家庭环境中的资源，学会用成长型思维将其转化为能够助力家庭成员发展的优势资源。

6.尊重家庭文化

每个家庭都有独特的、根深蒂固的家庭观念与家庭情结。教会家庭成员学习以包容的心态对待每位家庭成员，理解并尊重每一位家庭成员不同的选择及出发点。

7.支持家庭复原力

复原力好的家庭面对压力情境会表现出一种独特、积极的应对。通过家庭信念、互动方式、情感交流和问题解决过程中指导家庭应对压力，相互支持，提高复原力。

8.从更宽广的视角来观察，着眼于可持续性发展

家庭有其自身的生命成长历程，从家庭诞生到家庭消解，在家庭历程的各个阶段有各个阶段的家庭任务、家庭功能，不同生命历程阶段中家庭成员的心理状态、互相之间的关系也是不一样的。有些家庭成员会成为"被牺牲者"，成为"症状表现者"。因此，需要用发展的眼光看待亲子关系问题，家庭进入新的生命历程，家庭结构必须做出相应改变，来满足家庭成员的需要。家庭结构一直是在动态变化中的，家庭成员需要以发展的眼光，保持变化的态度，调整自己适应家庭发展。

（四）NSSI家庭治疗过程

1.评估阶段

作为通用的方式，分别与青少年单独会面，与父母单独会面，再与全家一起会面，但在这框架之下，有许多变化，治疗师需要考虑到最初的表现、环境，以及谁在呼救。此阶段主要任务是收集资料与问题判断，所涉及的范围：

1）父母与孩子的力量

家庭的力量是解决问题的核心资源，治疗师需要精确把握好针对能力提问极为重要。例如一个青少年形容自己的时候说到了"关心"，那就要详细询问是哪一种关心。他在家中与学校所展现出的关心是否一致？他是否期待着被他人需要？通过这样的提问，能够有效观察到其他家庭成员对这个特点的反应。治疗师也需要评估家庭内部的凝聚力，他们是否乐于与家人一起参加活动？家庭氛围是轻松愉悦，还是互相争吵？

2）未来的意义

对于青少年以及他们的父母，未来有着特殊的意义。对于青少年来说，距离成年，不过一步之遥。整个家庭都在为青少年转变到独立生活的成年时期做准备。青少年热衷于幻想自己成年后的生活状态，乐于耗费大把时间与同龄人描述这些幻想。询问青少年："等在你面前的是什么？"这个问题显然比"等你长大了你想做些什么？"涵盖面更广。而青少年的答案，取决于他们近期的生活状态。一个精神萎靡的青少年会感到难以回答有关描述未来蓝图的问题。只要能给予青少年对未来的自信，不论是什么，都会减少或缓解他们现在的糟糕状态。

3）治疗动机

为了寻找治疗每个家庭的切入点，可以了解"是什么时候开始有想要来心理治疗的想法？""是谁提出了向治疗师寻求帮助的想法？""为什么是现在来，而不是一个月前？"这样的问话，可以寻找到最近受到的挫折，这也是评估的起始点，同时也会暴露出家庭问题的大量信息。

4）理解家庭风格

治疗师要融入家庭，去欣赏他们的想法、他们处理家庭事件的方式。通过治疗师坦率、非评判及好奇的态度自然产生。关注家庭内部所使用的语言表达方式、一家人的文化背景、他们表达感受的习惯方式，以及做决策的方式。家庭中独特的语言表达方式会表露出大量的信息，关于家庭成员他们所重视的和他们所信任的。当家庭的文化背景与治疗师本身的文化背景截然不同时，最好的应对方式是去询问和了解，而不是假设自己了解另一种文化。

5）给家庭的反馈

在治疗中，最好能够与家庭成员逐个进行会面，与夫妻会面，与青少年会面，与全家会面。最好在完成会面后进行总结整理。通常情况下，会在四次会面之后，将所观察到的以及现在能给出的建议反馈给家庭。如果家庭正处于激烈冲突中，这种反馈可以提前。反馈的主要内容就是将现阶段所表现出来的问题正常化，通过将家庭中出现的问题正常化，可以打破家庭中诸如指责、愤怒、不安、抱歉之类负面情绪的恶性循环。在家庭反馈会面结束之前，治疗师应与家庭商定后续的治疗计划。确保计划对于所涉及的每一方都合情合理且被接受。

2.治疗阶段

此阶段主要任务是目标制定和具体实施。在评估结束后，治疗的总体目的是增强家庭自身创造性地解决问题的能力。每一种与家庭互动的方法，都着眼于发展的、以系统性为基础的叙事取向。家庭治疗具体干预方法很多，这些方法既不是全面的，也不是独特的、不可重复的。这些技巧可以扩展使用，也可以连续使用，或者重复多次使用。这些技巧并不排斥其他心理干预技巧，比如澄清，或者在紧急事态之时迅速果断地行动。

以发展的视角关注青少年家庭，教会其家庭成员理解此阶段会产生的常规问题，大体会产生两种主要观点。一种观点强调冲突，另一种观点强调家中两代人的相似之处。中年的父母与青少年孩子未来发展的目标并不一致，交流困难，此阶段最突出的状态就是"青春期撞上更年期"。父母和青少年面对相似的问题，比如激素的变化，相互关系的协调，身份认同的问题等。清楚了解家庭成员这个阶段的意义，哪种信念占据支配地位，或者家庭内部有什么理解上的差异。治疗师提出另一种观点或探寻每一种理解并给予澄清，达到父母和青少年相互影响。

家庭生命周期理论强调青少年及其父母不同时期各自必须完成自己的任务，保障家庭作为一个整体进入到下一个发展阶段。一部分任务需要全家出动、共同参与、共同协作；另一部分任务由青少年负责独立完成；还有部分任务属于婚姻任务，由父母完成，不需要孩子参与。健康的家庭要有更强的灵活性，青少年实质上是个探索者，他们乐衷于发现新想法、音乐、价值观和语言表达方式。就像扬帆的水手一次又一次折返回来，与家人分享新的体验，给家庭带来新的生机。有时候也会用充满批判性的眼光看待家庭，因为他们在不断将新世界和旧世界做对比。作为父母，需要尝试对这些新的观点、新的想法宽容一些，尝试去倾听孩子对他们的批评，同时也要坚定维持住父母的立场。指导父母接纳孩子不良情绪应对方式，积极关注并引导孩子正确发泄及处理情绪。同时也需要指导孩子学会管理情绪，理性解决问题。

青少年的特殊表达形式——沉默。当青少年只通过肢体语言表达自我，对于父母来说，孩子也是将他们拒之于心门之外的，父母会感到局促不安，治疗师需指导父母将孩子的抵触情绪重构为正常的、自主的，甚至助人的行为，可以使孩子更为放松地融入到治疗中。但如孩子有自杀倾向、恐惧或严重的抑郁情绪，处理的情况会有例外。

3.结束阶段

此阶段的目标是治疗结束后依然能维持家庭内的互动性。从系统变化性的角度来看，治疗结束并不意味着互动变化的过程也会结束。回顾治疗过程，大家共同制定的治疗目标及评估目标达成情况。无论问题如何变化，治疗师都需要强化每一位家庭成员做出的努力及改变，从家庭成员身上发现积极的资源，对每一位家庭成员的表现给予肯定的评价，让家庭充满希望。

治疗师与家庭成员共同确认及讨论何时结束治疗，家庭需要重回治疗的迹象。探讨如果再次出现类似问题，家庭会如何应对，巩固解决问题的办法。治疗师也可以给家庭提出一些有意义的值得思考的问题，让他们在治疗结束后有所反思。

五、家庭治疗常用工具和技术

（一）家谱图

家谱图是一种可视化、象征性的家庭树状表达方法，用不同图形在一张图上标出家中多代家庭成员。可以作为一个简单的信息收集工具来使用，也可将家谱图应用为一个具有互动性、干预性和叙述性的模型。目的在于明确家庭的核心主题、隐喻及主线故事是什么。概念包括：家庭模式的代际传承、关系的三角化、距离、互补、平衡等。

来访者须填写"家庭背景表及两系三代家谱"，如父母二系三代人的人口学及职业情况、健康情况，以及婚姻、受教育水平、精神卫生问题、重要经历。根据了解的信息，运用相应符号、规则绘制家谱图，使得来访者的重要的个人及家庭事件、问题、家庭互动模式和关系变得一目了然，成为治疗师提出治疗性假设的重要前提。家谱图的绘制对家庭问题、家庭互动模式及家庭关系的呈现，为咨询师提出治疗性假设提供了思路。

（二）提问技术

提问不仅是一种获取信息的方式，而且同时能不断产生新的信息。因为在每个问题中都包含一个隐含的说法，会对人们习以为常地看待事件的方式进行潜在的扰动。反过来，在每个回答中也会有一个隐含的信息，即对事件是如何看待的。

1.循环提问

循环提问的方法是系统式治疗师或咨询师的工具箱里最重要的工具之一，当着全家人的面，轮流而且反复地请每一位家庭成员表达他对另外一个家庭成员行为的观察或者对另外两个家庭成员之间关系的看法，或者提问一个人的行为与另外一个人的行为之间的关系。家庭成员每个感受的表达也可以被理解成某人传达给某人的信息。并且总是有第三个人会看到另外两个人的关系。例如：X、母亲、父亲与治疗师进行家庭访谈。治疗师要观察在这个家庭中，X与父母双方的沟通模式是怎样的，在这个家庭中隐含的潜规则是什么。治疗师提问内容：①我觉得X是一个非常独立自主的姑娘，她现在也已经长大，并且拥有了一定的独立能力，母亲你觉得呢？父亲你觉得呢？②母亲你是觉得X还是不够乖巧懂事，没有达到你心中的期望吗？③父亲你觉得X英语成绩一直都没有得到提升，是你的遗憾吗？我可以认为你还是很关心X的吗？④X，你自己觉得呢？⑤母亲你说X总是毛手毛脚的，做事情总是不如你细致，我可以理解为，母亲你一直放心不下X吗？⑥X，你是怎么看待你目前的生活状态的呢？⑦X觉得你们并没有真正的了解过她自己内心真正的想法，你们觉得呢？通过这样的提问，会产生新的信息。这样搜集信息的方式是对描述和模式提问，而不是对事件。一个症状、一个问题、一个疾病不是事件，而是过程。

2.差异性提问

目的在于制造和明确差异。包括①等级和排序，例如：是女儿先有意要离开家，还是父母已经打算让她搬走？②百分比提问，例如：用0到100来表示，100是十分愤怒，0是很平静。你认为，如果你和姐姐吵架，你们都在什么位置？你们的父母在什么位置？③一致性提问，例如：你和父母的看法完全相同还是不一致？

3.责任回归性提问

对于症状形成的责任，家庭成员之间往往相互推诿和指责，责任回归性提问让家庭成员更多思考自己对于症状行为的"贡献"。例如：假如你的女儿决定绝食，这是一种抗议形式，这种抗议最可能是针对谁？

4.改善—恶化性提问

改善—恶化性提问通过对症状行为和恶化的情况进行提问，让家庭成员思考不同行为对症状的影响，从而选择更多积极的行为避免消极行为，促进症状的改善。例如：假如你打算故意让问题变得更糟糕，保持现状或永远这样下去，你能做什么？通过这种提问，问题如何积极的被制造并维持下来就会变得明确。既发展出解决的想法，又发展出制造问题的想法，就可以把两者都看作可能性并尝试不同的场景。

5.前瞻性提问

前瞻性提问是指向未来的提问，基于当下的情况对未来进行设计，让家庭成员看到希望或者改变，从而增强信心或激发当下改变的动力。例如：我们的理解是，你对父母感到愤怒，并想要惩罚他们，你认为到什么时候你会对他们惩罚够了，一年后、两年后还是几个月？

6.澄清性提问

帮助来访者理解是什么和可能是什么，前者是澄清当前的背景，后者是让新的可能性进入视野。澄清一些模糊的认知，使问题呈现更具体清晰，扩增新的可能性。例如："当问题出现以后，你们的关系出现了怎样的变化？""你是如何做到在这段时间不让问题出现的？"

7.奇迹性提问

奇迹性提问可产生两个作用。一个是它并不是强制性的，人们在幻想变化发生的同时，而不必感受到要为这个行为负责；另一个是人们往往确信在奇迹之后做的事情并不是超自然的，而是朴素、可行的事情。例如：如果这个问题突然消失了，你的生活会发生什么变化？

（三）家庭重塑技术

"家庭重塑技术"是家庭治疗中最有趣的强烈体验性的方法。任务是把家庭关系通过姿态和位置体现出来，实现了一条通向复杂的家庭系统不同层面的快速通道。例如：治疗师请孩子摆出"当孩子和父母发生冲突时，当下场景中，每个人的姿态、动作和表情"。治疗师通过设立情境、发展演员阵容、雕塑、结束等过程，把个案在家庭中的成长经历展现出来，帮助个案重新面对那些令人耿耿于怀的痛苦情境，学习用更恰当的方式应对来自家庭的影响。在家庭重塑过程中，个案重新去体验、去觉知过往的经历，从新的视角去看待家庭成员与自己的关系，重新看待家庭成员以往的态度与行为，走出心理困扰，从而与自己和解，与家庭成员和解。在家庭重塑技术实施过程中，由于观点各异，每个成员雕塑出来的家庭图像会有差别。这种差别能让家庭成员更形象地觉察家庭关系状态，激发家庭动力，让家庭成员和谐共处，达成一致性沟通。

这种方式做到象征性的呈现家庭关系，根本不需要考虑语言，所以很快就能够被理解。优点在于运用象征性的行为而无需考虑年龄、社会阶层及相应的语言问题，并适用于各类问题。

（四）问题外化技术

问题外化技术，是指咨询师引导家庭成员认识到某个成员的问题不是自身的问题，而是整个家庭的原因，每个家庭成员都要对整个家庭的良好健康发展负责，而不是只会抱怨出现问题的个别成员。通过家庭凝聚力的提升来共同去面对家庭所遇到的困难。

通过外化技术，把人和问题分开，把冲突看成是第三方，把自身故事做新的叙述，就可以用新的可能性来看待冲突。就创造了与问题之间的一定距离，使其认识到冲突造成的影响。比如：如果不把孩子说成不听话的孩子，与他们合作起来就会容易很多。

（五）焦点解决短程治疗技术

焦点解决短程治疗（solution-focused brief therapy，SFBT）是指以寻找解决问题的方法为核心的短程心理治疗技术，是1980年代初在美国发展起来的。在几十年的发展中，SFBT已逐步发展成熟，并广泛地应用于家庭服务、心理康复、公众社会服务、儿童福利、监狱、社区治疗中心、学校和医院等领域，并得到积极的肯定。

焦点解决短程治疗是让当事人用尽可能短的时间在生活中建立改变的方法。本技术来源于催眠治疗和家庭治疗方法，它的重要理论来源为语言和社会建构主义。强调对来访者使用关系问句，询问他人与自己的关系。注重在本身的生活中、社会中来访者自己去了解自己需要什么，从而最终解决问题。其信念是相信没有问题是一直存在的，总会有例外的时候。创造解决问题的对策，极小的策略能引发重大的影响。其治疗规则：①如果做一些事情是有效的，就尝试做更多的事情；②如果做一些事情是无效的，就尝试换一些不同的事情做；③如果做一些事情并没有出错，就不要试图去修正它。

焦点解决短程治疗显著的特点为短程取向，治疗规定的次数为4~6次，不超过8次。在治疗中使用不同工作思路和角度，比如：时间维度包括之前是怎么样的？当下是怎样的？未来会怎么样？感知维度包括感受自己的视角，感受别人的视角，从旁观角度看待事情的发展。谈话内容模型包括：问题的描述，了解来治疗的原因；解释如何理解自己的状况；为了解决问题，已经尝试做了些什么；目前的治疗目标是什么。

以问题解决导向为目标的访谈技巧包括：①以希望/目标为主的谈

话，讨论对治疗最大的希望（目标、期待）是什么；②以"奇迹"发生为主的谈话，讨论当生活中发生奇迹的时候，自己是如何感受到的；③以"例外"情况为主的谈话，讨论在糟糕的感受过程中，什么时候有好的感受，想起一些例外的时刻；④以应对方式为主的谈话，讨论是如何应对生活中的挑战的；⑤以数字评分的方式讨论自己的问题，可以客观形象地表达当下的状态及期望发生改变的状态。

第六章
非自杀性自伤患者的社会干预

第一节　学校干预

近年来，青少年NSSI事件频发，呈现低龄化趋势，这是令人痛心的现象，引起广泛关注。学校作为青少年学习生活的重要场所，学生性格、同伴关系、学习压力、对学校环境不适应（特别是小升初、初升高，对学校管理规则不适应，对老师不适应）等一系列因素对青少年心理及行为产生多种影响，可能导致青少年应对无效而采取NSSI行为。因此，学校干预显得尤为重要。

一、完善监测系统，评估学生心理健康状况

学校建立学生心理健康状况监测系统，定期对学生开展心理健康测评，建立学生心理档案，以便做到心理问题早期发现、早期干预，防患于未然。此外，学校还要开展重点人群排查工作，并建立快速反应通道，对有心理问题的学生做到及时发现、及时干预。

（一）建立学生心理健康普查（测量）制度

每年应对全校新生进行心理健康普查（测量），建立学生心理健康档案，并根据结果筛选出心理问题高危个体，学校心理咨询中心要对这些学生做好问题预防与转化工作。

（二）建立学生心理健康状况汇报制度

准确掌握学生心理健康发展动态，随时了解高危个体的心理状况。班级心理委员要随时关注全班学生的心理状况，将他们的心理或行为变化状况每周向班主任汇报。

（三）建立心理危机学生预警库

学校心理健康教育中心应建立心理问题学生预警库，及时将全校有心理问题及需要进行干预的学生信息录入其中实行管理。

（四）建立监护体系

对在校期间有心理问题的学生进行监护。心理问题较轻、能在学校正常学习者，以班主任、班级心理委员、同寝室学生为主组成监护小组，及时了解该生的心理与行为状况，对该生进行安全监护。监护小组应及时向心理健康教育中心报告该生的状况。经评估与确认有严重心理问题者，及时通知学生家长，并建议家长送孩子到医疗机构进行专业的评估和干预，形成家庭—学校—医疗机构一体化的干预机制。在与家长进行安全责任移交之前，要对该生进行24小时特别监护。

（五）建立救助体系

学校心理健康教育中心要提供多种形式的救助渠道，如线上咨询、心理咨询、电话救助、写信救助等方式，便于对求助学生进行心理援助。

二、不良行为问题干预

不良行为问题是指人们在社会生活中经历的各种不利于身心健康发展的行为，包括吸烟饮酒问题、网络成瘾问题、健康素养问题等。现有研究表明，青少年生活行为问题与NSSI行为关系密切，青少年不良生活行为问题可以预测青少年自伤行为，即存在不良生活行为问题的青少年发生自伤行为可能性增高。

（一）吸烟、饮酒问题干预

1.吸烟、饮酒对NSSI行为的影响

吸烟定义为过去30天内存在主动吸完一整支及以上的吸烟行为。研究发现青少年吸烟与增加自伤和自杀行为风险有关联，试图自伤或自杀的吸烟青少年中枢神经系统内儿茶酚胺和5—羟色胺功能可能受损，导致比仅有自杀意念的青少年更易发生冲动和攻击行为。

饮酒指过去30天内存在1个有效次及以上的饮酒行为（1个有效次指每次至少饮白酒25 mL或果酒100 mL或啤酒200 mL）。青少年酒精耐受低，在酒精的刺激下，认知能力、情绪管理能力下降可能会增加NSSI发生的风险。

2.吸烟、饮酒问题干预策略

学校加强对学生群体吸烟、饮酒行为危害的宣传教育，加大对学生群体中吸烟、饮酒行为的排查，如避免在校园超市内售卖烟酒，在宿舍、公共卫生间内加强巡视检查，在校园死角区域安装监控，让学生失去吸烟、饮酒场所等对减少学生NSSI行为有重大意义。

（二）视屏时间、网络成瘾问题干预

1.视屏时间对NSSI行为的影响与干预策略

根据美国儿科学会的推荐标准，儿童青少年视屏时间每天不宜超过2小时。研究显示，我国中学生学习日和周末视屏时间每天超过2小时的比例为16.2%和41.5%，且中学生周末视屏时间每天超过2小时是NSSI

的危险因素。目前，全世界范围内手机、计算机等电子产品的使用及看电视、玩游戏所引起的视屏时间过长已经成为一个普遍现象。视屏时间过长会引起视力障碍、睡眠时间不足及久坐不动等一系列问题，甚至出现抑郁等心理症状，观看自伤相关行为的视频可诱导青少年模仿相应行为。

学校应提倡强调视屏时间过长带来的危害，控制学生电子产品的使用，开展丰富的课余活动供学生选择，并与家长合作共同监督青少年的视屏时间，从而有效预防学生NSSI行为。

2.网络成瘾对NSSI行为的影响与干预策略

研究显示，疑似网络成瘾、存在网络成瘾的中学生与无网络成瘾者相比更容易发生NSSI，网络成瘾可能为NSSI提供有效的途径，如支持青少年自杀的网站可能成为NSSI者搜索率较高的网站，从而使NSSI行为者获得更多的自伤行为方法和途径，进一步加深自伤行为。NSSI与网络成瘾之间存在密切关系的内在机制还不清晰，但以上两种不良行为均存在共同特征，即不能自我控制、重复出现，且在实施过程中自身能体验到满足感和快乐感，同时实施后能体验到压力的释放或紧张情绪的舒缓，并且网络成瘾也是中学生逃离现实和缓解心理压力的重要手段。

因此，学校在今后的教育工作中不应仅开展针对网络成瘾学生的教育和引导，也应同时关注疑似网络成瘾学生，以有效预防NSSI的发生。学校可举办互助交流分享会，鼓励青少年多与同伴沟通、交流，互相分享心理情绪，有效从网络世界回归现实。

（三）健康素养问题对NSSI行为的影响与干预策略

健康素养评定采用中国青少年互动性健康素养问卷评价青少年健康素养水平，包括体力活动、人际关系、压力管理、精神成长、健康意识和营养6个维度，共31个条目，每个条目赋值1~5分，根据各条目的得分计算总得分和各维度得分，分数越高表示运用知识改变健康状况的素养越高。有关报道显示，2017年我国15～24岁青少年中具备健康素养的比例仅为15.58%，而健康素养水平较低会显著增加NSSI的发生发展。

因此，学校应普及健康知识，提高学生健康素养，加强学生体育锻炼，举办多种趣味性体育活动，定期监测学生营养指标，可减少学生NSSI行为的发生。

三、同伴关系问题干预

（一）同伴关系对 NSSI 行为的影响

同伴关系对青少年身心发展起着至关重要的作用，良好和谐的关系能带来愉悦，相反紧张的同伴关系使青少年身心俱疲。目前，棘手的同伴关系问题主要表现为校园欺凌。

校园欺凌指过去12个月出现1个或多个学生在校园内反复多次戏弄、散播谣言、击打、推搡或伤害其他学生的行为，如果双方有同等力量、权利或是朋友之间的相互戏弄不属于欺凌行为。被恶意取笑、被索要财物、被有意排挤或孤立、被威胁恐吓、被打/踢/推/挤或关在屋里、被开色情玩笑是 NSSI 行为的危险因素。欺凌作为一种负面行为，属于攻击行为的一种亚型，其形式包括欺凌他人、被欺凌、欺凌—被欺凌。关于欺凌和NSSI的主题已有较多研究。目前，多数学者认为被欺凌与NSSI 呈正相关，且两者之间可能存在中介或调节作用，但欺凌他人与NSSI 的关系因研究较少尚不确定。

（二）同伴关系问题干预策略

（1）加强学校安保巡查，及时发现、排除校园欺凌风险。

（2）当学生间出现矛盾时，学校老师应积极从中协调，缓和同学关系。

（3）开展团体辅导，在团体中，成员们互相信任，一起游戏，也一起攻克难关，感受同伴的理解、支持与真诚，有利于增进情感。

（4）与学校老师做好沟通，青少年向家长透露欺凌问题时，家长应及时与学校老师沟通，从多方面了解情况，与老师一起共同协商、讨论解决方法。

四、"双减政策"下的学习压力干预

（一）学习压力对 NSSI 行为的影响

由学习而引发的心理紧张的状态，造成一定的心理负担，称之为学习压力。它的来源主要有两个方面，外部环境因素是其一，其二就是个体期望。学习压力的内涵即在学习环境中，学习者所面对的物理刺激、所形成的心理需求，如果两者超出了个体的应对范围，就会导致学习压力的存在。

学习压力分非常大、较大、一般、较小、无压力，非常大、较大合并为学习压力大，一般、较小合并为学习压力小。学习压力大表现为经常因学习压力不愉快、伤心绝望。学习压力大是青少年实施NSSI行为的危险因素，不论初中生还是高中生，学习压力大者均可能增加发生NSSI行为的风险，可能与由此导致的心理落差感、焦虑、抑郁等不良情绪有关，当自身调节能力有限时，学生常通过伤害自身身体来达到缓解压力的目的。学习压力大的问题对初三和高三学生影响更明显，他们面对升学压力，学习成绩下滑、学习现状不符合自己、家长及老师期望时，发生NSSI行为的风险更大。

（二）缓解学生学习压力的策略

1.落实双减政策，减轻学生学习负担

2021年7月24日，中共中央办公厅、国务院办公厅印发《关于进一步减轻义务教育阶段学生作业负担和校外培训负担的意见》，要求各地区各部门结合实际认真贯彻落实。双减政策主要以减轻学生的学习负担为基础，以九年义务制教育阶段的学生为主要对象，确保学生能

够轻松上阵，促进学生德智体美的全面成长及发展。学校与教师应调整课后布置的学业任务量及巩固练习时长，有机减缓学生的课业压力。

2.减缓学生的心理压力

心理压力是学生学习压力的一个重要方面。学生存在心理压力会表现在日常的生活学习中，如果学生的学习心理压力大，在上课时就不会认真听讲，乃至产生厌学情绪。所以，教师一定要充分重视学生面临的心理压力，及时帮助学生疏导心理压力，调整学习状态。例如教师可以在周末休息时间走进学生宿舍，和学生聊天。这样做不仅有助于培养良好的师生关系，同时也有利于教师了解学生的学习问题，发现自己教学工作存在的漏洞。针对学生的心理问题进行辅导，可以有效提高学生的心理承受能力，释放学生的心理压力，暗中帮助学生调节学习状态。与此同时，教师也要考虑到学生心理压力的产生很大程度上是由长期学习成绩不理想造成的，针对此种情况，教师也要加强对学生学习方法的培养，指导学生使用科学的方法进行学习。

五、新生适应性问题干预

中学阶段是个体成长发育和身心发展的重要阶段，个体无论是在身体上还是心理上都会产生巨大的改变。而恰恰是在这一关键时期，学生面临升学，角色迅速转变，会产生莫名的紧张与不适，这不仅会影响他们的学业，而且会对他们的身心健康产生严重的危害。初一、高一新生在进入新校园后，所有的一切都要重新适应，无论是新老师还是新同学，甚至是父母的新要求以及新的学习任务，这就需要在各个方面对其进行相应的干预和指导，帮助学生尽快适应新环境。但是目前来说，社会没有把过多的关注点放在初一、高一新生学校适应上，导致新生的学校适应研究资料较少，缺少系统的解决方案。

（一）学校适应的概念

学校适应是指学生对学校的学习环境、气氛、条件和学习节奏等的适应，具体表现为学生能掌握学习和人际交往的各种技能，能遵守学校的各种规范要求。其评定指标：①学生学业完成情况；②学生对行为的自我约束能力，注意的持续时间以及遵守行为规则的能力；③社交情感方面，是否能与团体中的其他成员正常交往并遵守团体规范。

学生对学校的适应是一个动态过程，适应性差是由于学生的行为与学校要求之间相互作用不完善。提高学生的学习能力，调整其学习心态，改变不利于学生身心发展的教育机制，都有助于提高学生对学校的适应性。

（二）改善新生学校适应问题的策略

1.学校层面，注重人文建设

1）改善校园基础设施

新生对学校的第一印象就是校园环境，因此学校要重点关注基础设施的建设和改善。除了基本的硬件设施以外，学校还应根据自身特色，修建相关项目设施。

2）营造特色学校文化环境

优秀的学校文化是学校的灵魂，对学生起着导向功效，对校内每一个成员都有着凝聚团结精神、鼓励积极进取、约束行为习惯的功能。因此，学校应做好学校绿化和室内美化，营造文化气氛，优化教育环境，营造清新、典雅、健康、舒适以及温馨的文化氛围，以增强新生的归属感。

3）开展校园文化活动

学校是一个充满活力青春的地方，这里不仅是知识的海洋，更是学生展现自我的天堂。各种文体活动不仅可以让新生感受到学校积极向上、轻松活泼的氛围，也可以发挥他们的主动性积极参加活动，尽快适应校园。

4）设立学校心理健康指导部门

学校应招聘心理健康专业的老师，并建立心理咨询室。保证每周一节心理健康课，在课堂上普及心理健康知识，让新生认识到心理健康的重要性，学会自我调节情绪与释放压力。

2.教师层面，加强自我业务能力

1）加强学科教学能力

面对初一、高一新生，教师容易走老路，也就是按照自己的方式去授课，没有考虑到当下学生的心理特点、学习状态以及他们现有的知识结构和储备，会导致一部分新生学习跟不上，教师头疼没法教的现状。因此，在新生入学之前，初一、高一教师最好要对即将入学的新生做好调研工作。首先，将新生入学成绩进行分析，研究学生整体薄弱学科以及优势学科。其次，根据新生已有的知识水平和结构，开展学科课程安排，集体备课集思广益，探讨出适合新生已有知识结构的授课方式。一方面，入学后，做好每一节课的课后反思工作，通过学生的上课表现逐渐完善授课方式。另一方面，各学科教师通过学生课堂发言的反馈以及作业批改情况，对下一阶段的授课任务进行改制，合理调整课程进度与步调，帮助学生尽快适应新阶段的学习任务。

2）优势视角下，注重对新生的鼓励与肯定

优势学说是关注人的内在力量和优点资源的视角。它的核心思想是，人天生就有能力利用自己的自然资源来变化自我的能力。因此，老师应重点关注适应不良的学生，多加关心、鼓励与肯定。

3）采取民主管理模式

教师的管理模式一般分为三种，即强硬专断型、放任自流型和民主管理型。我国教师管理模式多是传统的强硬专断型，强硬专断型是指班级一切活动由教师一人安排，要求严格，并且要求学生无条件听从命令。这种管理模式下的优点就是班级管理井然有序，学生容易在短时间养成良好习惯，缺点就是班级会有部分学生产生不屈服、易怒、不愿合作的心理问题。因此，教师应当转变传统的管理模式，采取民主管理模式，对学生多加鼓励和支持，给予学生客观的表扬与批评，尽量让学生参与班级的活动，依据学生的能力和特长，主动分配给学生不同的任务，培养学生开展合作交流、自我提升的良好品质，以此提升对学校的适应能力。

六、加强家校合作

（一）家庭环境对 NSSI 行为的影响

家庭环境的影响主要包括家庭的情绪氛围、父母的教养态度及家庭结构、家庭经济状况四个方面。家庭是人生的奠基石，父母是孩子的第一任老师，对学生的成长与成才的影响是长久而深远的。良好的家庭情绪氛围是良好心理素质形成的前提，家庭成员间的语言及人际氛围，直接影响着家庭中每个成员的心理，对个体逐渐成熟的学生影响更具有特别的意义。父母的教养态度和教育方法直接影响孩子的行为和心理，民主、平等而非命令、居高临下的，开明而非专制的，潜移默化而非一味娇宠的教养态度与教育方法有利于学生心理健康发展。家庭结构的变化如单亲家庭、重组家庭等因素必然会对正在读书的学生心理产生一定影响。在中小学生中，家庭相互交流、家庭冲突和父母的严厉程度均是发生NSSI行为的相关影响因素。家庭交流频率低、交流状态差、家庭冲突和矛盾多以及父母对子女的管教严厉均会增加中小学生NSSI行为的发生。而良好的家庭功能环境，如加强家庭成员之间的交流和减少家庭冲突与矛盾，有助于儿童青少年的正面成长，从而有助于减少其NSSI行为的发生。

中小学生主要通过家庭获得健康发展和心理支持，所以低的家庭环境功能水平对中小学生影响较大。因此通过改善家庭环境功能水平，如增加家庭成员之间的交流频率、减少家庭之间的冲突与矛盾和减轻父母对孩子的严厉程度，可预防中小学生NSSI行为的发生。

（二）家校合作的形式

加强家校合作，可一定程度上减少青少年NSSI行为的发生。《国家中长期教育改革与发展规划纲要（2010—2020）》要求建立中小学家长委员会，以"完善中小学学校管理制度"。学校能充分利用家委会促进学校民主管理，形成家庭教育和学校教育的合力，为学生的健康成长创造有利条件。家长委员会是增进学校与学生、家长之间沟通的桥梁，通过家长委员会和家长们保持沟通，促进家庭和谐。

家长委员会的活动可以采取每年定期组织家长接待日；组织家长参观学校；让学生和家长共处一间教室；定期召开家长会对家长进行相关知识培训；定期举办亲子互动课堂、游戏等；适当的家访可以让教师了解学生的家庭情况、性格特点；利用微信群的形式，将学校所获得的资源公开给家长，家长们可以收听相关心理健康以及青春期青少年心理知识等讲座。

七、开展心理健康教育课程

（一）开展心理健康教育课程的优势

当代青少年心理压力逐渐增大，心理问题越来越多。其中，情绪障碍是青少年的主要心理问题，多表现为抑郁和焦虑。众多学校为解决学生心理问题已逐步成立心理咨询机构并提供心理健康服务，但多数存在心理困扰的学生仍未能充分利用学校心理咨询或精神卫生服务，且求助态度消极，出现心理服务资源利用率低的现状。

目前，成本低、覆盖面广、可强制、易普及的心理健康教育课程在预防和避免学生自伤、自杀等危机事件的发生中具有重要作用，是学生心理健康教育最重要、最直接、最高效的形式，也是提高学生心理素质和普及心理知识的主要途径。心理健康课程能改善学生的求助态度。学生因为获得更多心理健康知识而表现出更为积极的求助态度，心理问题的认知与求助态度有中度的正相关，对心理问题的认知越正确，求助的态度越积极，发生NSSI行为的可能性越小。

（二）心理健康教育课程的内容

学校心理健康教育要树立学生的心理健康意识，介绍增进心理健康的途径，传授心理调适的方法，解析心理异常现象。从我国的现状看，很多学生在中小学阶段从未接受心理健康教育，教育部门可考虑将适合中小学生的心理课程纳入到日常的课程学习中，以此普及心理健康知识。

心理健康教育课程的内容应包括学生心理健康教育导论，自我意识与心理健康，人际关系与心理健康，学习与心理健康，性、爱情与心理健康，挫折与适应，情绪与调节，网络心理辅导，自伤自杀与危机干预，常见心理障碍的防治，求职、就业与心理健康等专题。

（三）开展心理健康教育课程的要求

1.教学方法（可以将教育方法融合到心理健康教育形式中）

青少年心理健康教育课不是单纯的知识课，而是实际应用课，不是说教课，而是师生互动课。所以在教学方法上必须树立以学生为主体的意识，切忌为了达到知识结构的完整性而"满堂灌"和"一言堂"。课堂上积极的师生互动是良好教学效果的保证，通过调动学生的积极性，让他们带着自身的实际问题进入到教学过程之中，不仅获得知识，更重要的是有机会提出自己的疑惑与问题，在教师的指引下共同讨论，从而掌握维护心理健康和提高心理素质的方法。互动的形式多种多样，教师要勇于创新，针对学生的特点，不断调整教学方法，与学生进行平等对话，重视学生个体经验，增强教学的感染力和实效性。课堂理论讲授、心理测试、心理影片录像教学、案例分析、角色扮演、讨论、演讲、辩论、训练、新概念作业、网上辅导等都是可以采用的教学方法。

2.教学评价

许多学校在对心理健康教育任课教师的课堂教学进行评价时，忽视该课程的专业特殊性，常常以传统课程的评价模式来对任课教师的课堂教学质量进行评价。评价的关注点主要是知识结构的完整性和教师课堂教学的"表演性"，如任课教师的语言表达等。在对学生的学习结果进行评价时，则主要关注笔试分数的量评价，忽视对实际心理技能和心理健康维护能力的评价。这种评价导向易使学生在学习本门课程时发生方向性错误，只突出理论知识的学习，忽视相关技能的发展，影响课程教学目标的真正达成。

由于人的心理具有内隐性特性，导致学生心理健康教育课程的教学结果同样具有内隐的特性，这在客观上给课程教学结果的评价带来了许多困难。因此，学生心理健康教育课程要求新的评价理念与评价方式。在本课程的教学评价特别是学生学业评价中，以单一考试的量化手段对学生的学习进行分等划类的传统评价方式是不恰当的。该课程的性质和目标要求必须采用自我参照标准，引导学生经教学之后对自己在生活和社会实践中的各种表现进行自我反思性评价，建立一种以"自我反思性评价"为核心的新的评价体系，这不仅是课程评价的基本要求，还是课程实施和发展的基本要求。

八、学校心理危机干预

学生心理危机，一般是指学生在遇到突发事件或面临重大挫折和困难时，无法自控和调节个人感知与体验，而出现的情绪与行为严重失衡状态，通常表现为暴躁冲突、孤独寡言、抑郁强迫、绝望麻木、网络成瘾、肢体自残、暴力攻击、轻生自杀等。校园安全的关键是学生安全，学生安全的关键是心理安全，学生心理安全的关键是老师能识别并干预学生的心理危机，对防控学生NSSI有重要意义。

（一）学校心理危机干预工作现状

国外对心理危机的研究开始于19世纪初，将危机管理机制引入学校中，并提出相对措施，制定出相应的心理危机干预指导策略则是在20世纪50年代。而我国对心理危机干预理论的研究则是从20世纪80年代才开始的，进入较快发展期则是在90年代后，开始逐步探索怎样将国外的理论经验本土化的问题。

1.美国、澳大利亚、英国的学校心理危机管理

目前，美国的很多学校都有自己的心理危机管理计划。在美国一个完整的心理危机管理体系包括了心理危机预防（采取各种措施消除引起危机的隐患）、心理危机干预（危机发生后的对应策略）和心理危机过后的恢复（危机结束后尽快恢复正常心理）。在心理危机响应方面，美国很多学校都有危机反应小组以专门应对危机。这些心理危机反应小组的结构、组成和功能不尽相同，但基本上都涵盖以下人员配置：地市级的行政官员、学生服务人员、学校心理工作者、学校咨询师、专业教师、班主任教师、社区精神卫生专家或社工以及牧师。每一个心理危机反应小组的成员都有各自的服务分工，在危机发生之后在他们各自的服务范围内共同工作。

在澳大利亚，学校心理危机管理指南里包括了以下几个步骤：第一，分析和预防（分析确认可能的心理危机诱发因素并预防）；第二，准备（收集必要的信息并确保必要设施各就各位）；第三，培训、测试和回顾（演习和总结）。针对各个环节，有很多公司专门提供学校心理危机管理的相关辅助服务。

在英国，和美国相似的是，很多学校都有针对自己学校的心理危机管理方案，但它们的方案构架却比美国繁复。以Bristol大学为例，该校2008年起每年6～8月都会更新它的危机管理方案。心理危机管理小组由该校的战略响应团队（strategic response group，SRG）领导，在心理危机发生后处理危机，同时，在需要的时候还会形成一些策略响应团队（tactical response group，TRG）以辅助危机处理。在心理危机事件发生之初，SRG会通知心理危机管理小组前往进行危机处理，之后，SRG会形成紧急服务联络小组以协调心理危机管理小组的工作，接下来，SRG会召开一系列会议同时邀请心理危机管理小组的代表参加，在会议上对完成的每一步做汇报，然后SRG讨论下一步的处理方案。在必

要时，TRG也会参与汇报和讨论。该校的策略响应团队包含了很多部门，网络、财务、图书馆、医疗保健、保卫、学生处、学生团体等都参与其中，可以说是一个覆盖面非常广大的体系。

2.我国学校心理危机干预现状、问题及原因分析

学习压力和身心的不成熟决定了中小学生是心理危机的高危群体，因此加强对中小学的心理危机干预就显得尤为重要。现阶段我国中小学心理危机干预还存在一些问题。

1）对学校心理危机干预的认识有待提高

管理者的认识和重视程度决定校园心理危机干预的运行和落实的力度。虽然现在国家已经要求各中小学配备专业的心理教师，但是由于各种原因，有的学校并没有实行，所以学校心理危机干预的工作大部分是由班主任来承担。班主任缺乏专业系统的心理学知识，在处理一些心理危机事件时有其局限性。目前学校心理危机干预工作小组大多在事件发生后临时成立，有关老师不知道学校危机干预领导小组的成员组成，小组成员亦不清楚自己的具体分工，造成责任分散，出现无序可循的现象。对事件处置与心理危机干预效果的评估也是心理危机干预中的薄弱环节。校方未配备相应的专业评估人员，也导致校园心理危机评估工作难以开展。评估系统的不完善导致在危机结束后没有及时进行心理测评、追踪观察、形成总结报告，这导致心理危机干预的效果并不显著，发生二次心理危机的概率增大。

2）心理危机的产生阶段成为防护的"真空地带"

很多中小学虽配备了专业的心理辅导老师和心理健康中心，但心理健康老师的人数、精力有限，学校的心理健康中心一般对存在严重心理问题的学生会重点关注，对处在一般问题状态上的学生往往会忽视，但事实上，这些处在问题产生阶段的学生更容易产生心理危机。学校对于这部分学生的忽视就容易造成心理危机产生阶段的"真空地带"。

3）对有关群体的心理危机教育和培训欠缺

当前的学校心理危机干预缺少对教职员工、家长、学生三个群体的培训、宣传和教育。有关人群危机预警与应对技能的缺失，使他们在面对危机事件时感到焦虑、恐慌和不知所措。部分教师虽清楚心理危机所带来的影响，但在学生真正发生危机时却不知如何应对。而家长更是过分关注学生的成绩，忽略了学生个体的心理变化，导致学生心理危机出现时得不到及时解决，从而对学生的学习生活产生严重影响。学生缺乏对心理危机的认知，无法正确把握心理危机问题是目前心理危机干预中出现的突出矛盾。

4）心理危机干预存在家校脱节的情况

中小学心理危机的干预工作不仅在学校也在家庭，需要学校与家庭两方面的密切合作。家长是孩子的第一监护人，是最了解和熟悉孩子情况的人，在危机干预过程中，家人的鼓励和陪伴往往起到事半功倍的作用。家长作为学生的监护人，在危机干预的过程中，很多工作的展开都需要家长的同意才能进行。然而，事实是绝大多数的学生心理危机个案很难与家长取得密切联系，家长对于危机干预的工作也并不是很配合，只是一味的将学生推给学校，出现了有事将学生推给学校，出了事再把责任归于学校的现象，很多家长并没有履行应尽的义务和责任。

（二）学校心理危机干预工作的应对策略

学校心理危机干预系统的建立主要是依据《中华人民共和国宪法》《中华人民共和国教育法》和《中华人民共和国未成年人保护法》等基本法律和法规。学校心理危机干预系统是建立在学校教育与管理大系统上的一个子系统。它与社会性和医学性心理危机干预系统的不同点在于，它干预的主要事件及干预过程的操作机制都是在学校教育系统内的，它所干预的对象主要是学校教育系统内的儿童与青少年，以及从事学校教育的教师和管理工作人员，必要时也包括在重大事件发生时或发生后与上述人员相关的亲属人群。参与学校心理危机干预的成员主要是学校教育的管理者、学校心理健康教育教师、与学校教育相关的教育专家和心理专家，以及高级心理咨询师、医务人员、社会安全保障人员（公安、法律、火警等）和社区工作者等。

1.学校心理危机干预基本架构

学校心理危机干预系统的基本架构应包括以下三个方面的子系统：学校心理危机干预的预警系统；学校心理危机干预的应急系统；学校心理危机干预的维护系统。

1）预警系统

学校心理危机干预的首要任务就是积极预防在学校管理范围内重大恶性事件的发生。该系统要能在尽可能早的时间内预警可能出现的冲突性事件并能给予及时的疏导，要能对学校管理范围内的有心理危机倾向的高危人群进行必要的监控和疏导。学校心理危机预警系统主要包括以下组成部分，其直接领导者应是学校心理危机干预领导小组。

（1）学生团队中的"心理互助员"

在学生群体中建立"心理互助员"队伍，是提高心理危机预警系统效能的重要措施。按照青少年心理发展的规律和特点，在整个青春发育期，同伴关系是对青少年个体心理发展影响最大的因素。同学、朋友之间往往能够相互敞开心扉，讲内心的、真实的话。"心理互助员"是经过一定心理辅导知识和技能培训的，在学生中有较强交往能力的学生。他们的活动以团队或兴趣小组的形式进行，受学校心理健康教育教师的指导和管理。他们平时在与同学、朋友交往中能主动运用学到的心理辅导知识和技能，当发现有心理危机发生可能的同学和朋友时，能及时向学校心理健康教育教师反映，从而发挥心理危机预警反应的作用。

（2）班主任队伍和学校团队、学生会工作者

学校班主任队伍和学校团队、学生会工作者队伍应该接受系统的心理健康教育、心理辅导与咨询、心理危机干预理论与技术的培训，使他们成为学校心理危机预警系统的主要组成部分。这些直接从事学

生思想品德教育和学生管理的教师往往和学生接触密切，也比较容易得到学生的信任。只要对他们进行有计划的、有目标的培训，就能有效提高学校心理危机预警系统的反应能力。

（3）学校心理健康教育教师

学校心理健康教育教师队伍应该是学校心理危机预警系统中的骨干力量。他们经过专业培训，并应持有心理健康教育的上岗资格证书。他们的预警信息来源除了直接使用心理健康档案，接受和筛选来自上述两支队伍的信息外，预警信息的来源还包括学校系统的心理辅导（咨询）电话热线、心理辅导（咨询）室、心理辅导（咨询）信箱、校园网中的心理健康论坛（BBS）等。学校心理健康教育教师要认真做好有冲突性事件爆发倾向（自杀、自残或暴力）人员的来访性心理干预，其岗位责任之一就是要为学校教育管理者及时提供学生的心理健康状态以及存在的主要心理问题倾向。

2）应急系统

学校心理危机干预的主要任务就是，当在学校管理范围内发生重大恶性事件（自然灾害、灾难性事故、传染性疾病、暴力冲突、自杀自残自虐等）时，学校心理危机干预应急系统要能及时、有效地与负责危机干预的其他系统（教育管理、社会安全、医疗卫生、社会工作等）进行合作，有计划、有步骤地对事件当事人或人群进行心理干预，同时协助有关部门对与当事人或人群相关的人群（同学、教师）和亲属人群（家长、亲戚）提供科学有效的心理援助和心理辅导。学校心理危机干预应急系统主要包括以下组成部分。

（1）领导指挥组

学校心理危机干预应急系统的领导指挥组是学校危机干预系统中的一个组成部分，负责在事件现场领导和实施对当事人或人群进行心理危机干预，负责协调与其他危机干预系统（管理、公安、交通、卫生、消防等）的各种关系。领导指挥组的负责人应由教育系统领导和学校负责人组成，他们应该接受过心理健康教育、心理咨询、心理危机干预等方面的理论与技术的培训。领导指挥组的成员还应包括心理健康教育的专家、有高级职称的心理健康教育教师、有高级职称的学校医务人员等。学校心理危机干预应急系统的领导指挥组可在县（市、区）级教育主管部门设立。

（2）专家指导组

学校心理危机干预应急系统的专家指导组是在学校危机发生时由上级心理健康教育指导中心派往事件现场的、负责指导学校心理危机干预的专家工作组。它的主要责任是：①对现场从事心理危机干预的指挥领导人员、心理健康教育教师、学校医务人员等提供心理危机干预方面的技术指导和监督，在必要时，直接进行现场干预；②对心理危机干预效果进行评估；③收集和整理与当事人或人群相关的心理健康资料、与心理危机干预操作过程相关的资料；④对事件发生后的维护性心理危机干预提供方案或建议；⑤为上级教育管理部门和心理健康教育指导中心提供与事件相关的心理危机干预专项研究报告。

（3）专业工作组

学校心理危机干预应急系统专业工作组的主要任务就是在事件现场对当事人或人群开展心理危机干预、提供心理援助和心理疏导。工作人员主要由本校的和本地区（或本学区）的学校心理健康教育专职教师、已获得心理健康教育教师上岗资格证书的教师组成。在他们的下面还应该建立若干个临时性的工作小组，分别负责为事件现场外围的人或人群（同学、教师、家长）提供适当的心理援助和疏导。这些小组的成员可以由接受过专门心理健康教育培训的学校德育工作者、班主任和教师中的骨干教师、团队学生会干部、学生中的"心理互助员"等组成。

3）维护系统

学校心理危机干预的维护系统是指在重大恶性事件发生后对当事人或人群，以及对与当事人或人群相关的人或人群提供补救性的、维护性的心理干预系统。维护系统的主要任务是：第一，由于种种原因，在重大恶性事件发生时，心理危机干预人员无法到达现场，因而采取事后补救性的心理干预；第二，重大恶性事件发生后，对当事人或人群的继续跟踪的、维护性的心理干预；第三，重大恶性事件发生后，对与当事人相关的人或人群的维护性心理干预。学校心理危机干预维护系统主要包括以下组成部分。

（1）领导指挥组

维护系统领导指挥组的建立按事件发生的区域来确定。在一所学校范围内的，则以学校负责人为主；如果是在学区范围内的，则以学区负责人和相关学校负责人共同组成。领导指挥组还应有上级心理健康教育指导中心负责人和心理健康教育专家参加。

（2）专业工作组

维护系统专业工作组人员构成与应急系统专业工作组人员构成基本相同，其任务也基本相同。在进行维护性心理干预时，专业工作组的一项重要任务就是要科学区分和鉴别出已患有比较严重的心理障碍或心理疾病的人员，要及时向上一级心理健康专业工作者求助，或及时转介到当地医疗卫生部门。

（3）心理健康教育活动系列

心理健康教育活动课、团体心理辅导活动课、心理辅导讲座、心理健康教育展览等都是进行维护性心理干预的重要手段，尤其是在牵涉到的相关人群数量比较多的情况下。领导指挥组要根据所发生事件的性质和特点开设有针对性的心理健康教育活动系列，帮助不同的人群认识事件的性质、了解事件对自己心理的影响、宣泄或转移内心的心理压力、掌握自我心理状态调节的技术。

2.制定和规范心理危机事件干预预案

（1）知道学生有NSSI行为的教师（班主任）在第一时间内赶赴现场，按程序上报教导处备案。

（2）教师及时报告学生处、保卫处、校内医疗机构等，上述各部门在接到通知后应立即派人赶到现场，进行紧急援救处理。必要时要先将学生送到医院急救。

（3）学校心理教师评估事件严重程度以及可能对己对人带来的伤害。如果学生的情况比较严重，不能继续正常上课，学校要联系学生家长或监护人接学生回家；或派相关人员护送学生回家，并且只允许将学生交给家长或其监护人。

（4）联系当事人家长或监护人护送学生前往专业医疗机构进行躯体和心理的诊断治疗。如需要，学校心理辅导室提供转介信息，学校相关人员可以陪同前往。

（5）对可以在校坚持学习但需辅以药物治疗的学生，应与其家长商定监护措施。对不能坚持在校学习的，应按照学校学籍管理有关规定办理相关手续，由家长监护并离校治疗。

（6）因病情需要而休学的学生经医院诊断治疗后需要复学的，必须有医院医生出具的复学证明或病情证明、学生复学申请报告（基本内容是：学生心理疾病的情况、医院诊断的结论、目前学生恢复的情况、学生和家长的要求、学生和家长的承诺），学校如批准同意，则要有分管领导的签名。且心理辅导老师要与班主任做好沟通，为班主任提供援助，指导班主任如何在班级里对其进行积极关注。

（7）当事学生返回学校后，学校要与其家庭取得联系，从保护学生、帮助学生的角度出发，与家长一起商讨使孩子能够继续接受教育所要注意的问题。如当事人需要并愿意，可在学校心理辅导室接受一般心理咨询。学校要做好追踪式服务，指派专人（心理老师、班主任、任课教师或关系较好的同学）持续观察与评估当事人的行为与心理状态。

（8）为保护当事人，尽可能防止信息四处传播，要求教职员工理性看待此事件，不要议论、传播，要理解和保护当事人，并告知教职员工应注意的事项。

（9）整理心理危机事件干预的所有资料：当事人的医学证明（病历卡）复印件、复学证明、会议资料、干预方案等。

（10）完成心理危机干预报告，就此次危机事件的处理与干预进行总结与反思，修改其中不足，完善对此类事件的预控。

3.健全干预机制，及时疏导和化解学生心理危机

学生心理危机干预机制指危机发生后，在心理学理论指导下有计划、按步骤地对一定对象的心理活动、个性特征或心理问题施加影响，使之发生向预期目标变化的过程。其目的是防止当事者行为过激，如自杀、自伤等；促进交流与沟通，鼓励当事人充分表达自己的思想和情感，恢复自信心和正确的自我评价，给他们提供适当建议，促使问题解决；帮助已经处于危机状态中的学生解除心理痛苦，重新振作，采用积极的建设性方法面对困境。

1）心理危机干预工作环节

（1）及时发现，及时报告。如果学生或教职工发现某学生有NSSI行为或正处于较严重的心理危机时，应立即向班主任、学生工作主管人员报告情况。与此同时，可委托其他值得信任的人员做好该生的陪伴和安抚工作，主管人员对于接到的汇报要认真对待。

（2）及时面谈，恰当评估。学生工作主管人员或心理危机干预人员应尽快与当事者进行面谈，倾听界定问题，并从相关人员处了解情况。对于学生是否有自伤自杀方面的意向、企图或尝试，必须由心理咨询中心的专业人员做出恰当评估。

（3）制订计划，给予支持。根据问题制订出求助者可以理解、把握、实施的行动步骤，接纳求助者，让其体会到被关心，提出应对方式，寻找支持系统和可运用的资源，以改变他们对问题的看法。

（4）及时转介，得到承诺。心理咨询中心的专业人员做出评估，确定危机学生的自杀、自伤风险较高时，应当及时送往专业医院诊断治疗，并尽快通知其家长。获得求助者和家长真实、适当的承诺，在专业人员的指导下，共同做好危机干预工作。

（5）互相配合，通力合作。整个过程都需要学校主管领导、班主任、心理咨询教师、学生家长以及学生干部、宿舍室友等互相配合，通力合作，共同做好该生的监护和心理疏导工作，确保其人身安全。

（6）建立档案，做好记录。负责处理此事的学生工作主管人员、咨询人员等注意做好相关记录，在记录中详细说明事件处理的具体情况，保存好所有的单据、证明等（包括收发的电子邮件、短信），建立档案，以便后续跟踪、备查。

2）心理危机干预常用技术

（1）支持技术。这类技术的应用旨在尽可能地解决心理危机，使危机学生的情绪状态恢复到危机前水平。由于危机开始阶段学生焦虑水平很高，可以应用暗示、保证、疏泄、环境改变、镇静药物等方法，尽可能减轻焦虑。如开展叙事（叙事本身就是一个脱敏的过程），提供宣泄机会释放心理压力（哭、运动等）；充分认识其自身资源，寻求社会支持；分散注意力（找到一些喜欢做的事情）；躯体锻炼（有氧运动）；体验大自然（旅行）。如果有必要，可考虑短期的住院治疗。

（2）倾听技术。准确和良好的倾听技术是心理危机干预工作者必须具备的能力，实际上有时仅仅倾听就可以有效帮助别人。为了做到有效的倾听，危机干预人员面对求助者时必须全神贯注。

（3）心理晤谈。通过系统的交谈来减轻压力，可个别或集体进行，自愿参加。心理晤谈的目标：公开讨论内心感受、支持和安慰、资源动员、帮助当事人在心理上（认知和感情）消化创伤体验。集体晤谈时限：心理危机发生后24～48小时是理想的帮助时间，6周后效果甚微。正规集体晤谈通常由合格的精神卫生专业人员指导，事件中涉及的所有人员都必须参加集体晤谈。

（4）放松技术。要教会所有被干预者放松技术：呼吸放松、肌肉放松、想象放松。

3）心理危机干预注意事项

（1）介入心理危机干预"几要"。要保持平静、沉稳，对当事人随之而来的暴风雨般的情绪要有心理准备；要给当事人充分的机会倾诉，以便确定危机类型、诱发事件及严重程度；要及时向医务、法律等机构求援；要及时跟踪观察。

（2）介入心理危机干预"几不要"。不要对当事者责备或说教；不要批评其选择的行为；不要与其讨论自伤自杀的是非对错；不要轻信当事者的危机已过去等话；不要否定求助者的自伤自杀意念；不要过急，保持冷静；不要让其保守自伤自杀的秘密；不要把自伤自杀行为说成是光荣的、浪漫的、神秘的，以防止别人盲目仿效。

（3）心理危机干预重在预防。学校开展心理援助可设立五级防护网。一级防护：学生开展自我心理调节。学校通过心理健康教育与宣传，提高学生心理素质，提升心理调适能力，让学生能正确认识自己、独立调节各种心理问题。二级防护：学生朋辈互助。学校培养和指导同伴辅导员、学生心理干部、学生心理社团成员开展朋辈互助，解决学生某些心理问题。三级防护：班主任、教师。其要有发现学生心理问题、帮助学生解决某些心理问题能力，如能及时给予学生咨询帮助，或推荐其他学生去辅导帮助，解决问题。四级防护：心理咨询中心。负责向学生提供心理咨询、心理测试、心理训练、心理健康教育与辅导等服务。五级防护：医院治疗与家庭护理。合作医院对问题学生的心理疾病实施门诊药物治疗或住院治疗；家庭协助并配合做好当事人的心理问题防护和心理危机干预工作，与校医院及校外医疗机构保持紧密联系。

4.心理危机干预中的"校—医—家"合作机制的路径

学校的心理危机干预需要学校、医院和家庭三者之间共同合作才能在危机事件发生前获取到学生更加全面和具体的背景资料，更好地对不同种类的学生的心理危机制订出可行的、合适的防护措施和计划，探讨出有效的应对学生心理危机的解决方式和手段；在危机事件发生时能够及时、高效的应对现场状况；在危机事件发生后有针对性、有目的、有计划、有效和完善地开展心理危机干预工作。

1）心理危机事件发生前的"校—医—家"合作机制的实践路径

"校—医"合作机制首先应当建立起合作关系、确立合作模式，通过制度化的合作让学校和医院有一个明确的行动目标和行动准则，划清双方的权利和义务，从而使学校和医院关于学生心理危机干预的工作得以顺利开展。医院可为学校提供更专业的应对由危机事件而产生的心理危机的技术指导，为有心理危机的学生提供方便快捷的服务，学校可协助医院让学生及学生的监护人配合医院的诊断、干预、治疗，并且以恰当的方式方法把需要进行危机干预的学生的背景资料提供给医院。其次，学校和医院在学生的心理危机预防的教育上共同合作，一方面医院可派出专业人员为学校定期开展面向学生的心理讲座，另一方面医院可派出专业人员为学校教职工定期开展心理危机干预的识别、处理方式等培训。再其次，学校和医院需要定期开展信息交流，通过双方在不同角度对学生心理危机干预的过程中产生的经验和问题进行探讨后，更好地对不同种类的学生的心理危机制定可行、合适的防护措施和计划。最后，学校和医院需要在学术研究上进行合作，对学校心理危机的预防和干预存在的问题进行研究，探讨有效的应对学生心理危机的解决方式和手段，为学校和医院在今后处理学校心理危机时提供有效的指导。

"校—家"合作机制首先需要学校完善学校和家庭合作的制度，将"校—家"合作机制纳入到学校应对危机事件和对学生心理危机干预的体系之中，并建立章程和制度，规范学校和家庭合作的程序。其次，应强调学校和家庭的合作，学校教师应主动与家长进行沟通，让家长认识到自己在学生的心理危机干预中起到了至关重要的作用，并不仅仅是一个旁观者，鼓励家长参与到学生的心理危机干预中，让家长能从"被动参与"逐步转化为"主动参与"。再其次，通过建立、扩宽和畅通学校和家庭之间合作的渠道、机制，来保证学校和家长沟通的及时性和顺畅性，从而不仅能让家长能够及时地了解到子女在学校的心理健康状况和在校动态，并及时参与和辅助学校对学生心理危机的干预，也能让学校及时的从家长获取到学生更加全面和具体的背景资料，从而更好的对学生心理危机进行干预。

2）心理危机事件发生时的"校—医—家"合作机制的路径

当学校发生了危机事件，若目击者是学生，则需要及时地把事件的情况报告给班主任、任课教师或学校管理人员等，得到消息的人员需要立刻赶到现场并隔离现场，避免更多的学生受到危机事件的影响，同时联系学校心理咨询中心并将现场情况报告给学校的相关领导、负责人和医院相关人员，由医院和学校共同组织专业高效的干预队伍到达危机事件现场，进行现场心理干预。相关负责人与涉及危机事件的当事人的家长及时取得联系，家庭配合学校的要求，协助学校对学生心理危机进行干预，并对估计此次危机事件可能涉及的人员进行登记，以备后续对其进行危机干预。

3）心理危机事件发生后的"校—医—家"合作机制的路径

由医院和学校共同组织专业的干预队伍来确定心理危机的干预层面，一般分为微观层面和宏观层面来进行干预。微观层面和宏观层面的干预具有相同干预元素，但各要素的具体内容是不同的。从微观层面上来讲，首先，确定危机干预的成员，一般是以心理学专家为主，学校为辅；其次，确定危机干预的对象，如舍友、同学、目击者；再次，确定危机干预的形式，如小组干预、团体干预；最后，确定危机干预的过程，如依据什么样的干预理论和运用什么样的干预技术。从宏观层面上来讲，首先，确定危机干预的成员，一般是以心理学专家为主，学校为辅；其次，确定危机干预的对象，如教师、家长；再次，确定危机干预的形式，如大团体（讲座等）、团体或小组、个体；最后，确定危机干预的过程，如依据什么样的干预理论和运用什么样的干预技术、进行测验反馈。在每一轮危机干预结束后，应当对此次危机干预的效果进行评估，一般分为两个部分：第一部分是现场反馈评估，可以对被干预人员的情绪和行为进行干预前、干预中、干预后做一个对比，较能直观地看出此次干预是否有效；第二部分是追踪回访评估，在危机干预后的一段时间内（如一周后），由学校心理中心与参与了危机干预的学生的班主任进行联系，以及和学生家长取得联系，回访学生近期在学校和在家的情绪状态，并且给相关医院参与心理干预的专业人员进行情况反馈，以便后期能够及时地采取措施进行再干预。对心理危机干预进行反思和总结，包括对干预的成员、对象和形式等进行反思和总结，得出该次危机干预的优缺点，以便今后再次进行心理危机干预时可以做得更完善和全面。

<h2 style="text-align:center">第二节　社区干预</h2>

除了家庭、学校外，社区也是青少年生活的重要场所，社区环境、社区心理健康教育、社区支持、医院—社区精神心理健康服务模式等对青少年的心理健康产生着不可或缺的作用，防控青少年NSSI行为，社区可从以上方面采取干预措施。

一、社区环境干预

（一）社区环境对 NSSI 行为的影响

住房和社区不仅仅由它们的物质层面所定义，同时也可被视为一种心理环境。住房条件和居住环境在很多方面会直接或间接地影响人们的心理健康。居住环境的许多特性会使居民暴露在环境压力之下（如住房拥挤、不安全等），从而直接影响其心理健康 。在居住环境质量较差的社区中居住更可能产生抑郁 ；而为居民提供开放、自然、绿色的空间则可以直接提高他们的幸福感。 一种机制可能是居住环境通过提高居民的环境满意度来影响其心理健康。包括安全、维护、安静、住房质量、绿化等在内的居住环境的一系列变量与满意度显著相关，如居住社区中完整的、联系紧密的绿色空间与环境满意度呈正相关，而高密度和较差的街道连通性对满意度有负面影响，且后者的影响比前者大。另一种机制可能是居住环境通过创造更多的社会交往机

会，从而影响居民的心理健康。社会凝聚力（社会资本）会影响居民的
健康水平，住在具有较高社会凝聚力的社区中的人们往往更健康。一
份对纽约市老年人活动中心的研究表明，居民自我评估的生活质量与
社区安全及社区凝聚力显著相关。居住环境影响居民心理健康的一条
间接途径是通过影响居民的出行行为和体育锻炼，从而对其生理和心
理健康产生影响。良好的交通条件通过提升各类资源的可达性，从而
间接影响人们的生活满意度 。当然，个人和家庭特征如年龄、收入、
教育以及生理健康等都会影响人们的心理健康。回顾1990年以来关于
幸福经济学的文章，生理健康不佳、失业、缺少社会联系等因素与幸福
感呈显著负相关。

　　社区环境不良为个体自伤自杀的危险因素。社区存在的问题如家
庭不和、交通不便、缺乏医疗保健、就业保障、酗酒、迷信现象可以
明显提高个体自伤、自杀率。相对贫穷、患有精神疾病是自伤、自杀
的主要危险因素；受较好教育、已婚、健康身体是自伤、自杀的主要
保护因素。

（二）社区环境干预的策略

　　（1）社区需完善基础设施建设，做好绿化，优化居住环境，提供
便捷的交通系统。

　　（2）定期举办联欢活动，增进居民凝聚力。

　　（3）政府需要进一步完善社会救助系统，解决社区现存的一些问
题，营造和创建良好的社区环境，减轻青少年生活压力。

　　（4）加强心理障碍筛检，对高危人群积极实施社区心理健康干
预，提高青少年的应激能力，以此有效降低青少年自伤、自杀率。

二、开展社区心理健康教育

（一）社区心理健康教育定义

　　社区心理健康教育源自西方，又称"社区心理健康服务"，是指在

社区服务工作中，运用心理科学的理论和原则来保持与促进人们的心理健康。社区心理健康教育在我国社区的发展过程中扮演着重要的角色，是社区的重要实务组成部分，运用心理健康教育的价值理念与工作方法并根据个人的生理、心理特点，以此提高社区成员心理健康水平、增加社区成员心理弹性的一系列教育活动。

（二）社区心理健康教育研究现状

1.社区心理健康教育国外研究现状

20世纪50年代，许多西方国家就已初步形成系统的社区心理健康教育体系，随着时间的发展不断完善。美国大部分的州属社区里都有社区心理教育机构，一般由社区志愿者、教师和家长等成员组成。其内容包括三个方面：学校教育的社区化、社区活动的教育化和公共事务的群众化。在这当中，社区心理健康教育的主要作用是做好有关心理学的宣传工作和对于心理问题的预防和治疗。西方社区心理健康教育遵循强调情境、社会支持对精神心理病人的治疗，预防大于治疗，整体大于个体的观念与模式。

2.社区心理健康教育国内研究现状

我国的社区心理健康教育兴起于20世纪80年代，经历了十一届三中全会、改革开放和社会转型期。随着社会转型的加剧、城市化的发展及政府职能的转变，居民的身心发展离不开社区，而目前我国的社区心理健康教育工作还处在初步探索阶段。在一些发达城市，例如广州、上海、深圳等地通过开展社区心理健康教育座谈会等一系列活动帮助社区居民改善心理问题，但这远远不能满足居民的需求。

我国青少年现有的心理健康教育主要以学校为主、教师授课制的考查课形式进行心理健康知识的灌输，但很多学校只注重学生在校时的心理建设工作，而忽视了课余时间的心理健康教育。并且有的学校并没有针对心理健康教育进行有效区域化的管理，也没有因人而异、因地制宜。因此，通过分析有关社区心理健康教育形式，制定有效的社区心理健康教育模式，选择有效且操作性强的社区心理健康教育模式加以运用，同时研究如何保障该模式的合理运用，可以有效推进青少年心理健康教育的发展。社区作为青少年心理健康教育的新兴阵地，具有很多长处：首先，由于社区存在的意义和自身的特点，使得社区与居民的联系非常紧凑，它充分体现着集体性的特点，因此社区的心理健康教育具有群体性强的特殊性，更容易帮助青少年提高社会化程度，找寻归属感和集体荣誉感；第二，社区心理健康教育多以咨询、治疗室的形式出现，一般是一对一或一对几个的影响策略，这样的形式不仅灵活、更有针对性，而且使家庭可参与授课或辅导，加强了家庭、学校、社区三者的联合，更有利于全方位对青少年开展心理健康教育；第三，可以有效避免假期无学校监督情况下的中小学生心理健康教育的缺失，在街道、社区、关心下一代工作委员会的多方共同努力下，可以有助于心理健康教育推进。

（三）社区心理健康教育开展方式

1.充分挖掘社区资源，推进家庭教育和学校教育的进一步优化

社区教育是家庭教育和学校教育的有效补充，将丰富的社区资源引入学校，将拓宽学校的教育资源，为学校教育融入新鲜的血液，增强教育的实践意义，提升教育的效果。

2.开设社区论坛

青少年时期出现的心理异常多数表现在人际关系不和谐上，可以开设社区论坛，以某一个主题开展活动。

3.办好家长学校，提升家庭教育的质量

创办家长学校的目的是引导家长树立正确的家庭教育观念，提高家长自身的素质和教育水平，营造良好的家庭环境，紧跟学校教育的步伐，形成教育合力，最终促进孩子身心的健康发展。家长学校可由中小学校牵头，交给社区来创办和管理。学校可以派教学经验丰富的专业教师来当教员，聘请心理专家当家长学校的顾问。

4.为学生提供社会实践的基地

社区拥有环境优势和丰富的人才资源，可以加强青少年的实践锻炼。

5.家—校—社区合作

让家庭教育、学校教育和社区教育有机结合起来，实现资源共享、优势互补和教育的良性互动，对促进青少年的心理健康发展有重大意义。

三、社区支持

社区支持包括社区电话咨询与社区心理咨询等，以促进对NSSI行为的评估及转诊，让专业人员知道如何帮助与治疗NSSI青少年为目标，可有效减少青少年NSSI行为的发生。可利用恰当的广告宣传（特别是在高发区），如使用社区电台、出版书籍、发表文章或其他社区资料来源，来提高社区支持服务的知名度。

1. 电话咨询对NSSI行为的影响与干预策略

电话咨询对青少年人际关系冲突或不幸、学习压力大、被欺凌等生活改变过程判明情势，支持帮助求询者。以前大部分电话咨询回答性质倾向于消除诱因从而改变行为。现在，越来越强调求询者和咨询者双方更具建设性的接触，对治疗关系的目的达成一致，定期接触的维持时间据具体情况可长可短。电话咨询以电话的方式，可有效打消部分青少年羞于面对面求助的顾虑，帮助青少年解决情绪、心理问题，从而减少青少年的NSSI行为。

因此，应加强对电话咨询的工作人员的培训，使其具备良好的沟通、交流技能，能与求询者充分共情，掌握一些心理危机干预知识，并需工作人员定期电话回访，关注青少年NSSI行为的发展，做好动态记录。

2. 社区心理咨询

1）社区心理咨询流程

社区心理咨询由社区工作人员、NSSI青少年及家属共同参与实

施，其流程主要包括

（1）约定访谈：每次约谈时间为1.5~2小时，2次/周，持续6周，要求所有参与者到NSSI青少年家中进行。

（2）取得NSSI青少年家属信任与合作，对NSSI青少年的家属表现出同情、理解及真诚关怀的态度；在心理上给予NSSI青少年充分理解，耐心说服NSSI青少年取得信任，形成合作关系，强调询问时针对事实，不具批评性。

（3）对NSSI青少年进行测评，从家庭、人际关系、首发时间、发病过程、自伤行为实施、遗传史、性格爱好、有无慢性身体疾病、物质依赖程度等多方面深层次了解其病因。

（4）根据其特征，制定个体化干预防控计划，提供有效的应激应对策略，重点指导家属与NSSI青少年的交流技巧，帮助家属在照顾NSSI青少年过程中较好地处理实际问题，如熟悉NSSI的临床特征、了解其自伤实施方式，并给予NSSI青少年个别辅导及心理支持。

2）与NSSI青少年建立信任的咨询关系的技术

（1）不把有NSSI行为的青少年当成生物医学模式下的病人，而是本着平等尊重的态度对待来访者。

（2）接纳来访者的心理问题，不要试图说服他改变自己内心的感受、不进行价值和道德评判。

（3）耐心倾听，切忌比来访者说得还多，要允许谈话中出现沉默。

（4）让来访者说出自己内心的感受，倾诉和哭泣有利于情感的发泄，应予以鼓励，而不是制止（如立刻递上纸巾，相当于在暗示你不要哭了）。

（5）要相信来访者所说的话，任何自伤迹象均不可忽视。

（6）当事人把自伤视为一种解决问题的方法，因此不要试图说服或急于寻找解决问题的其他方法，而是提供情感上的支持。

四、医院－社区精神心理健康服务模式的探讨

1.医院－社区精神心理健康服务模式的背景

《"健康中国2030"规划纲要》指出：到2030年，全民心理健康素养普遍提升，常见精神障碍防治和心理行为问题识别、干预水平显著提高，心理相关疾病发生的上升势头得到缓解。我国社区心理健康服务还处于起步阶段，现有的心理健康服务状况远不能满足人民群众的需求及经济建设的需要。为了提升社区卫生服务能力，可开展城市医联体工作，安排医院高年资护士下沉社区，发挥医院精神科资深护士的专业优势及经验优势，探索并构建以高年资护士为主导的医院－社区精神心理健康服务模式，为干预青少年NSSI行为贡献力量。

2.医院－社区精神心理健康服务模式的优势

以护士为主导的医院－社区精神心理健康服务模式可有效提高青少年心理健康维护意识。高年资护士具有丰富的治疗监管和照护经验，下沉至社区开设心理工作室，循序渐进，逐步改变青少年对精神心理问题的认知偏差。对家庭功能缺陷、人际关系障碍、社会适应不良的青少年实施系统干预，改善家庭矛盾，构建和谐关系，可减少青少年NSSI行为的伤害。

以护士为主导的医院－社区精神心理健康服务模式有利于分级诊疗的推进，深化了家庭医生签约、社区首诊、双向转诊连续服务流程。高年资护士作为精神科医院和医联体社区的联络者，实现了精准转诊患者，使上下转诊通道更加顺畅，为囿于NSSI的青少年的治疗提供切实可得的帮助。

3.医院－社区精神心理健康服务模式的实施形式

（1）开设心理工作室：高年资护士坐诊，接受求助者的电话咨询及心理咨询。

（2）开展心理健康服务活动：开展义诊、巡讲、心理咨询、心理

治疗、心理健康体检、预约专家会诊及上级机构转诊等健康服务，定期组织心理健康评估，发放心理健康宣传手册，开展心理健康维护讲座。

（3）开展心理健康维护服务：采用上门访视、心理咨询、心理治疗、团体训练、微信平台答疑等方式进行心理干预，2~4周评估1次。病情比较严重需要使用药物治疗时，预约临床专科医生诊疗或转诊对接医院治疗。

（4）基层医护人员培养：采用"标准化病人"联合微课的培训形式，对社区卫生服务中心医护人员进行精神心理专科知识培训，选派从事精神心理的相关社区医护人员到专科医院学习交流，提高其专业技能。

第七章
非自杀性自伤的危机干预

NSSI行为被视为个体在遭遇困境时产生的一种无效应答行为，广泛存在于青少年及成年早期人群中。对于青少年来说，情绪管理尚不成熟，冲动性也高，因此容易采取一些不成熟的应对行为（例如NSSI）以应对生活中的的困难。NSSI广泛存在于罹患情感障碍的青少年中，被认为是自杀行为的独立预测指标。因此，为了避免自杀等严重后果，NSSI的危机干预非常重要。

第一节　危机干预的概述

一、危机干预概念

危机干预，也称为危机管理，主要是运用一些心理干预手段，使处在心理危机状态下的个体能够迅速摆脱危机状态，恢复心理平衡。在危机干预中，最低目标是先保证个体生命安全，以免造成严重后果。

心理教育学家认为，社会心理发展危机的形成与危机事件相关，而这些危机事件又是由日常学习、生活环境事件所引起的。最早的危机研究工作始于丧亲。当压力生活事件所带来的威胁和挑战超过了个人的有效应对能力时，个人会处于一种心理危机状态。心理危机不遵循因果关系的一般规律，受事件、环境、个体内心心理状态等多种因素的影响，从而表现出复杂而动态的表现形式。可以将心理危机看成是当事人的一种社会认知或体验，即对某一事件或生活境遇远远超出自己当下资源及应对机制能够处理的困难时的认知或体验。除非当事人得到一些帮助，否则这场危机可能会导致当事人严重的情感、行为和认知障碍。

二、危机干预理论

（一）基本危机干预的理论

林德曼的一些研究为我们在研究某些丧亲群体的过程中理解心理危机提供了一种全新的途径。这些失去亲人的人在生活或工作中有一定程度的不适应，但没有疾病被临床诊断。林德曼主要着眼于这一突发事件对他们心理失衡的一个影响，从心理学的角度帮助他们尽快走出危机状态。后来卡普兰又将林德曼的这一观点不仅应用到丧失亲人这一方面，也更加广泛的应用到各种创伤事件所引起的心理危机干预中。卡普兰认为，危机状态是一种依照当事人现有能力和社会资源无法解决，引起个体内心紧张和失衡的情况。无论是林德曼还是卡普兰，他们都采用平衡—失衡这一范式来理解心理危机的。其中，林德曼将这一范式具体划分了四个进程：首先是当事人的心理失衡，再到专业人员对其进行短期的治疗和情绪处理，再到当事人自己克服心理危机，最后是使失衡的内心重新找到平衡的状态。卡普兰认为可以将这一概念应用于所有的发展性和境遇性的事件中，并且它也提出了一种广泛的危机干预含义，即剔除那些原始的导致心灵创伤的行为、情绪以及认知的障碍。

（二）扩展的危机理论

1.精神分析理论

精神分析研究理论的一个基本观点就是童年早期的一些固着事件将决定在未来的某一时间以及是否会成为学生心理危机的一个具有决定性的因素。基于这样一个观点，精神分析理论被应用于扩展危机理论，认为这种心理危机状态可以通过个体的潜意识或童年早期经历的情感体验得到缓解。这有助于更深入地理解特定危机事件下危机个体失衡行为的深层内在动力因素。

2.系统论

系统论的一个基本理论观点是，个体是处在相互联系的整体的系统中，在这个社会整体的系统内，每个影响因素都是可以相互关联并发生关系的，系统管理内部任何一个重要元素的变化都将引起整个信息系统发生改变。与精神分析理论不同，系统论不强调个体的内在反应，而更注重与个体和整个生态系统的互动。

3.适应理论

适应理论认为，危机是由个体的不适应行为、抗拒思想和消极对策形成的。这个社会理论研究认为，要使危机管理状态得以缓解只要将适应不良的行为方式进行矫正，使之被适应社会的行为所取代，危机状态就自然而然地会消失。

4.人际关系理论

根据人际关系理论，危机之所以发生，是因为当事人不相信他或她可以通过与他人共同生活来克服危机，并且缺乏对自我的了解和克服危机的信心，这就是危机形势持续的原因。

5.混沌理论

混沌理论最开始主要应用于生物学、物理学、化学等科学领域，是指表面上看起来似乎没有联系、很混沌，但从整体研究中可以找到某种普遍规律的事物。布茨将混沌理论知识应用于社会心理学领域开辟了新的视角，就某个个体的行为方式而言，它是毫无规律并且充满着偶然性的，每个人的内在的动力影响因素分析都是不同的，但从整个人类的角度来看，需要却可以充分体现出一种内在秩序性。混沌理论也为寻找危机中个体的内在动力因素提供了理论支撑。

6.埃里克森的八阶段理论

埃里克森的八阶段理论认为，在人的一生中，每个阶段都有其要完成的主要任务，只有完成每个阶段任务才能顺利地进入下一个人生阶段，一些任务的遗留将会导致下一阶段的成长障碍。在埃里克森的八阶段理论中，青少年期是第五阶段，这一阶段的主要任务是发展自我同一性，这一阶段的主要矛盾是生理与心理发展的不一致性。

三、危机干预模式

目前，心理危机干预理论一般采用Belkin提出的三种干预模式。Belkin在1984年提出了著名的心理危机干预模型，即平衡模式、认知模式、心理社会转变模式。

1.平衡模式

平衡模式研究认为，一旦个体遭遇心理危机，其心理情绪则处于一种失衡状态，他们在以往生活工作经验中总结和学习到的应对机制和解决问题的方法已经难以满足当前需要。平衡模式主要适用于早期心理危机的干预。在心理危机初期，当事人往往处于茫然无措、自我控制无序的状态。现阶段干预的关键是平衡当事人的心理和情绪，保证当事人的情绪稳定。

2.认知模式

根据认知模式，危机会对当事人造成心理伤害的原因是当事人对危机事件的相关情况形成了错误的认知。危机干预人员应该帮助和引导危机受害者认识到自己的认知错误，并在这个过程中获得理性和自我肯定，从而在思想上更好地控制现实生活中的危机。认知模式适用于心理危机稳定下来并回到了接近心理危机前的个体。

3.心理社会转变模式

根据心理社会转变模式，人具有双重属性，一是自然属性，二是社会属性，因此人们的心理危机应该从内因和外因两个方面来考察。在分析心理危机成因的过程中，不仅要考虑个体抵抗和应对心理危机的能力，还要了解个体周围环境的影响，如朋友、家庭、社区等社会关系的影响。危机干预的目的在于将当事人自身应对方式与社会、经济支持和环境信息资源管理有机结合，即实现内外结合，找出个体能够有效解决现实技术问题的机会。心理社会转变模式与认知模式相同，也适用于心理状态相对稳定的当事人。

第二节 危机干预的策略

本节将以青少年NSSI为主题对危机干预策略进行讲解。

一、危机干预预防环节

危机干预预防环节以"预防"为核心，在最大限度上预防危机事件发生后带来的心理伤害。高效、准确地识别NSSI高危青少年，需要一些技术手段，如危机干预组与青少年的访谈、利用预警模型进行筛查、观察青少年的行为等客观数据的收集，是筛查和识别需要危机干预的高危群体的重要手段。危机预防的目标一般有三个：①将即将发生的心理危机遏制在萌芽状态；②降低个体心理危机的发生率；③促进个体健康成长和发展。

（一）建立危机干预团队

需要建立由专业心理健康团队、学校、家庭三位一体的预防管理团队，通过对青少年进行分析评估、筛查识别NSSI高危人群，进行危机干预工作。

（二）评估

目前，比较通用的一种快捷有效的评估程序为三维评估体系（triage assessment form，TAF）。该评估系统可以帮助危机工作者快速判断青少年在情绪、行为和认知等领域的现状。危机的严重程度会影响干预者的主动性，这将有助于干预者判断应该在多大程度上采取指导性干预措施。该评估管理体系研究基于风险评估者对青少年在情感发展状态（包括学生感受和情绪）、行为功能（行动或心理—运动型活动）、以及社会认知状态（思维教学方式等）的判断。该三维评价系统快速、简单、高效。预防干预组通过青少年访谈、行为观察、NSSI风险评估表等方式筛选需要干预的群体。主要进行评估指标如下：

1.情绪变化

当青少年出现高度紧张和焦虑时，开始对自己和周围的环境产生厌倦、无端发脾气、悲观沮丧、失望、自卑等情绪。不良的情绪体验往往会导致这种类型的心理危机，比如悲观失望、焦躁不安、自闭、沟通障碍、无缘无故哭等。

2.学习环境变化

当青少年表现出无法进行集中精力，缺乏学习兴趣，失眠等，经常迟到早退、无法专心听讲，甚至厌学问题或者拒绝去学校。

3.行为改变

青少年饮食睡眠异常，不注意个人卫生，性格改变，经常独来独往，不外出，失去正常沟通能力，不参加集体活动，以极端方式处理问题。

4.躯体变化

当青少年出现早醒、入睡困难，头晕、乏力、食欲下降等躯体症状。

5.家庭变化

家庭气氛紧张、家庭互动不良、父母关系紧张、父母离异、缺乏家庭照顾等。

6.自杀意图和自杀行为

青少年学生表现出自杀意图，如与别人进行谈论自伤、自杀的话题，曾留下遗言、遗嘱等，有的学生甚至试图采取自杀手段。

（三）建立预防干预机制

（1）要识别高危人群，进行相应的预防和干预，做好安全检查和管理，与青少年本人及其亲属进行有效沟通，签订相关协议，阻止他们的认知和行为，帮助青少年控制NSSI的发生。如住院期间，对于高危患者，医生和护士主动与青少年及其家属讲解医院的规章制度，对NSSI行为持"零容忍"的态度，建立应急计划，即如果住院期间发生NSSI行为将接受保护性约束、镇静剂的使用，进一步的医疗干预，如隔离，并讲解采取相应医学干预的意义。

（2）危机干预团队开展多种教学形式的心理发展健康中国教育实践活动，为青少年提供情绪支持和帮助，避免他们孤独、无助，提高他们的应急能力。

（3）录制坏情绪的应对技巧小视频，供NSSI的患者和家属观看，让他们意识到NSSI的危害，正确识别及处理不良情绪，避免NSSI的发生。

（4）病房心理治疗团队针对青少年NSSI的预防和干预开展个人和家长群体的工作，让家长及时发现孩子的不良情绪，让青少年识别自己的不良情绪，教给家人和青少年多种应对不良情绪的方法，提高正确处理不良情绪的能力，避免NSSI的发生。

二、危机干预应对环节

关键词是"快速反应"和"正确反应"，是心理危机干预的关键内容。其本质是NSSI发生后，干预研究团队可以根据学生事先制定的心理发展危机预案，采取实际行动，控制或缓解他们的危机心理，减少焦虑、抑郁、创伤后应激障碍等心理疾病的发生，降低自杀行为发生的概率。

1.心理治疗

当青少年出现心理问题时，心理治疗师应立即采取心理治疗的手段，根据心理治疗师自身的优势选择相应的心理治疗方法和方法。主要的心理治疗包括认知行为治疗、辩证行为治疗、人际心理治疗、心理音乐治疗、支持性心理治疗、自控治疗、情绪调节团体治疗、动态心理治疗、共情聚焦治疗、联合心理治疗等。

2.药物治疗

医生评估青少年的情况，调整药物，护士正确执行医嘱，医护工作人员关注药物的治疗效果和不良反应，根据青少年整体情况动态调整药物。

3.物理治疗

主要包括电休克治疗、重复经颅磁刺激治疗、电针治疗、迷走神经刺激、深部脑刺激等治疗。

4.其他治疗

青少年及家庭与心理治疗师建立一个稳定的、长期的、合作性的治疗关系；发展新的应对策略来调节NSSI的青少年负性的情感体验；治疗性地评估导致NSSI的各种因素，监测NSSI正在进行的基础因素。

三、危机干预的恢复环节

干预小组对NSSI青少年的康复状况进行动态评估，并在此基础上制定康复重建策略和机制。评估干预效果，评估NSSI的青少年学生心理干预研究工作是否能长期发展进行，他们是否恢复了正常的学习生活服务功能，包括他们的资源管理是否可以重新获得，危机干预团队的资源整合等。

第三节 心理危机干预技术

心理危机干预（psychological crisis intervention）是指对处在心理危机状态下的个体采取有效的方法，使其摆脱困境，战胜危机，重新适应生活的过程。其目的是积极预防、及时控制和减缓创伤事件对个体造成的心理、社会影响，帮助个体认识和纠正因创伤事件导致的暂时的认知、情感、意志行为扭曲，促进心理健康的重建。心理危机干预对维护社会稳定和保障心理健康都具有重要的意义。

心理危机干预应由具有心理危机相关知识和技能的专业人员进行，采用不同的技术手段来处理危机事件的发生，减少危机已经造成的或即将造成的危害，达到使伤害最小化的目的。一般在危机产生后几小时内进行为宜。

一、心理危机干预的基本技术

1. 心理危机干预的六步骤模型

心理危机干预六步骤（Gilliland and James，1988）是专业心理工作者和一般人员广泛采纳的一种基本模型，可用于干预经历不同种类的危机事件者。整个六步骤的实施过程中，评估需要贯穿全过程，前三个步骤进行倾听活动，后三个步骤是危机干预者在工作中采取的实际行动。接下来，结合一个案例，详细解析NSSI的心理危机干预六步骤。

1）步骤1：明确问题

第一步，从当事人的角度出发，理解和确定当事人所面临的问题是什么。通常当事人的危机是由多个问题混合构成，因此，心理危机干预工作者需感同身受，理解当事人的处境和危机情境。作为危机干预的起步阶段，应运用尊重、共情、理解、接纳或积极关注的技巧，和当事人建立良好关系、取得信任，全面了解当事人有关遭遇的诱因和他们寻求帮助的动机。

案例

小媛，20岁，目前是大学二年级学生。13岁时父母离异，她经历了严重的丧失感和心理痛苦，感到抑郁、孤独、绝望、无助，多次划伤手臂，甚至吞服大量药物，于精神专科医院住院治疗2次。进入大学的她能正常学习与社交，并开始恋爱。在大学二年级的第二学期，因为失恋，小媛再次被发现于寝室内自伤。

当事人：我想我要疯了，我完全受不了这种情况，有时候我想，我是不是不配活着。

危机干预者：我能感受到你的困惑、不安，如果可以的话，我想帮助你。我非常关心你的人身安全。你能跟我说说你现在的烦恼吗？我们还有很多时间，可以慢慢谈谈。

当事人：我最近老是一个人待着，不吃、不睡，什么都做不下去，有时候我认为自己再也不能忍受这种情况，总是回想以前的事情，我好像什么都做不好，父母、朋友、恋人，所有人都离开了我，我老是想我是不是疯了、是不是不该活在这个世上，可是我不想死，我害怕死亡。

2）步骤2：确保当事人安全

确保危机当事人的安全是心理危机干预过程中的首要目标。安全感是当事人在危机中的最核心需求，应从生理上、心理上最大地降低对当事人本人或他人的危险性，以确保当事人的安全。

危机干预者：从刚才的谈话中，我感受到了你对生活的失望，也理解你对死亡的恐惧。我认为你的反应是正常的。你认为自己什么事情都做不好、应该结束生命，这都是你的孤独感造成的。其实你一直在学校的表现也很不错。我们可以谈一谈最近这件事吗？

当事人：我不知道你对这件事情会怎么想，但我不想这么生活下去了。

危机干预者：讲出这件事情真的难为你了，这些糟糕的记忆现在又重新冒出来，并对你的生活产生了影响。你目前的情况根源就在于此，并不是说你是个"疯子"，而且这些都是可以改变的。

3）步骤3：提供支持

这一步强调与当事人的沟通和交流。处于危机情境中的当事人，很难轻易信任心理危机干预工作者。无论当事人当时有何种态度，心理危机干预工作者必须以尊重的、积极的、无条件的方式接纳当事人，向当事人承诺"这个特殊的时刻，这里有一个真诚的人在关心你，我很愿意为你提供帮助"，使当事人了解危机干预者是完全可以信任，是能够给予其关心帮助的人。

当事人抽泣着：事情真的很糟糕。

危机干预者：不管这件事是什么，我想它一定在内心深处困扰着你，而且让你把它讲出来也是一件很难的事情，我愿意听你讲诉，并尽力理解你的感受，然后我们再一起制定一个摆脱这种困境的计划。

4）步骤4：寻找可以利用的应对方案

第四步中危机干预者要帮助危机当事人探索，认识到有多种变通的应对方式可供选择和使用。其中有些选择比别的选择更合适，这一点通常会被危机工作干预者和求助当事人所忽略。在严重受创时，当事人因心理创伤而失去主观能动性，混乱的思维不能恰当地判断最适合自己的方案，甚至会觉得自己的境况已是无药可救的地步。

一般可以从以下三个角度来寻找方案：①情境支持：当事人会知道在过去和现在所认识的人中谁会关心自己，这是提供帮助的最佳资源。帮助当事人和支持来源建立联系。②应对机制：为了摆脱当前的危险困境，当事人可以采纳的各种行动、行为方式或环境资源。③当事人积极的、建设性的思维方式：通过指导当事人重新审视自己的危机情境及问题，或许可改变他们的看法，降低当事人的压力和焦虑水平。

通过以上三方面，危机干预工作者可能会想出无数适合当事人的应对方案，但只需和当事人探讨少数几种对他们而言更现实可行的方案。此外，分析和计划可供选择的方案应尽可能和当事人合作，当事人能接受的方案才是最好的，干预者不能将自己的选择强加于当事人。

危机干预者：这里有一些事情我想让你和我一起完成。我们假设一下，你也许马上会再次考虑自伤。这是一个事实，但并不代表永远。我们现在要实现的短期目标是消除这个被强化的观念，并且做一些其他事来为长期目标做打算。

若将再次出现自伤行为，我们需对此作出计划，以控制自伤行为。首先，我会写下一张危机协议的卡片，把你能利用和请求到的资源都写在卡片上，如电话号码、电子邮箱地址、工作时间等。我们也会在卡片上写2~3条提示，如"好，我开始感到焦虑了，我需要做一个深呼吸，然后放松"或是"停！等一下，我正在往哪里陷？如果我手心出汗的话，那就意味着我需要回想和考虑一下，我的这种行为到底能使我获得什么"。在有这些提示条之后，很多时候，我们可以发现问题，并在问题开始之前制止它。

你也可以选择电话联系我，我们一起选择一些自伤行为的替代方式，比如：试试用红笔在手臂画线的感觉，试试大力扔球，试试手握冰块的感觉等，换一种方式宣泄我们内心的压力、不良情绪。

5）步骤5：制订计划

第五步是危机干预第四步的自然延伸。危机干预者要与当事人共同制定行动步骤来矫正其情绪的失衡状态。按照当事人的具体问题、功能水平和心理需要，并考虑社会文化背景、生活习惯及家庭环境等因素，来制定干预计划。

　　行动计划应该：①确定出其他的个人、团体组织或相关机构等，可以请求提供及时的支持帮助。②提供应对机制：根据当事人的危机情境、个人应对能力制定计划，可以让当事人立即着手进行的某些具体的、积极的事情，并且能掌握和理解的行动步骤。同时，制定计划的全过程中危机干预者起到的是指导性作用，确保当事人的控制力和自主性，让当事人感觉被尊重，保留了自己的权利和自尊。因此，计划的制定需要和当事人沟通讨论、合作完成，有助于当事人更乐意去执行计划，帮助他们重新获得对生活的控制感并重获信心。

　　危机干预者：你想做什么，可以自己选择，我也会支持你。例如，如果你觉得需要社交团体、情绪团体、心理治疗或其他治疗计划，我们可以提供帮助。同时，你也可以用日记和语音记录自己的生活，对其中的情感进行分析和整合，我们来逐一解决。我们要做的计划简单、明确、具体，且能保持一定的时间，这样你就不会觉得烦琐、复杂和难以执行了。

　　我会偶尔打电话给你问一下你的近况，这不是监视或者检查，而是表达我对你的关心，电话持续时间不会太久，只做2~3分钟的简短交谈，如这两天打算做什么？你是否把它看作进步的标志？我们想看见的是你的生活中发生积极、具体的变化，并重新找回属于你的控制力和自主性，如：减少独处、参加愉快健康的活动以及和喜欢的人一起等。

　　当然，我希望我们签署一份零伤害协议，承诺在解决问题的下个月你将不会伤害自己或他人，不以"我联系不上你"作为废除协议的借口，会打电话给心理危机热线求助。如上述措施都失效，会自己去医院接受治疗。

　　6）步骤6：获得承诺

　　让当事人复述所制订的计划，并从当事人那里得到会明确按照计划行事的承诺。步骤6是步骤5的延伸，步骤5中提到的控制力和自主性也存在于这一步骤中。如果制订的计划完成较好，获得当事人对按计划行事的承诺也会较为顺利。

　　危机干预者：我们所要的结果就是消除自伤行为的强化作用，代替它的是许多积极、有吸引力和健康的日常活动。我会帮助你掌握这些，但是你自己要越来越多地把将要做的说出来。整个治疗会是一个漫长的过程，有的事情可能还会暂时变得更加糟糕。所以现在需要你作出选择，如果选择继续治疗，我希望你知道，整个过程，需要我们密切配合。虽然听起来好像很多，但这不是一天完成的，需要逐步进行。你觉得怎么样？

　　当事人：好的，我现在感觉好一点，愿意继续计划。

　　心理危机干预的六步骤中步骤6，即获得当事人的承诺，并不是孤立地起作用的。如果没有前5个步骤为基础，它本身便失去了意义。危机当事人承诺要执行的行动是从制订好的计划（步骤5）衍生出来的，而这个计划又以对各种可供选择的行动方案的系统检验（步骤4）为基础。3个行动步骤（即步骤4、5、6）是以步骤1、2、3中完成的有效倾听为基础的。全部6个步骤都要以评估为轴心而展开。

　　小媛在初诊的过程中，让干预者查看她用刀划伤的手臂，她自诉并不是为了割腕自杀，是缓解压力的一种方式，用这种独特的方式证明自己还活着。在会谈中，危机干预者认为小媛确实有自杀的想法，但还没有明确的、高致命性的计划。干预者积极肯定她并不是"要疯了"，并力图使危机正常化。将焦点放在曾经的校园暴力与目前的社交生活中，一旦当她正视之前的回忆，学会控制，自伤、自杀想法就会消失。在得到小媛的同意下，干预者与她沟通讨论可行计划，并得到她的承诺。

　　危机干预的关键是使情境正常化，让当事人知道所有的事情可以正常解决。对于反复自伤的当事人，为了避免她气馁，不是将自伤看作灾难性的，当事人并不是一个糟糕的失败者，而是需要把自伤看成整个问题的一个恼人麻烦，但又是很重要的部分。把焦点放在问题解决和发展痛苦耐受力时，我们帮助当事人建立复原力并提高情感的耐受性。

2. 心理危机干预中的评估

心理危机干预中的评估贯穿于整个六步骤模型中，它区别于临床治疗中常用到的评估程序，是一个广泛、自觉及连续不断的活动。危机干预者对评估技巧掌握的程度极大地影响危机干预效果。在有限的时间内，干预者必须迅速准确掌握求助者所处的情境与反应。

（1）危机的性质：首先要了解危机是一次性的还是复发性的。对于一次性境遇性危机，往往通过直接的干预，求助者就能较快恢复到危机前的平衡状态，通常能够应用正常的应对机制和现有的资源；而复发性慢性危机的求助者，则往往需要较长时间的干预。建立新的应对策略。慢性危机的求助者一般需转诊，继续进行较长期的治疗。危机严重程度的评估一般基于当事人的主观感受和危机干预工作者的客观判断。

（2）当事人的功能水平：可以从情感、行为和认知三个方面评估求助者的功能水平。情感评估包括愤怒/敌意、恐惧/焦虑、沮丧/忧愁三项内容；行为评估则包括趋近、逃避、无能动性三项内容；认知评估包括侵犯、威胁和丧失三项内容。为满足快速、简单、高效、信度及效度的标准，三维评估表（triage assessment form，TAF）作为危机评估量表，对达到快速且有效的评估有重要价值。对求助者现有功能水平的评估将决定危机干预者在以后的咨询中选择何种策略和干预的程度。另外，危机干预者还应该尽可能地把求助者当前的状态与危机前的功能水平进行比较，以便确定危机发生后求助者情感、认知、行为功能水平的损害程度。此外，对功能水平的评估还应该贯穿于危机干预的整个过程，在实施一定阶段的干预后，求助者的危机是否得到化解，也可以通过情绪、行为等反映出来。干预过程中的评估有利于检验干预的效果。

（3）当事人的应对机制、支持系统和其他资源：在整个干预过程中，危机干预者应该收集各种有关的资料，并评价这些资料的意义，在评估可应用的替代解决方法时，必须应将当事人的观点、能动性及具备的优势能力作为优先考虑，并将可利用资源考虑在内。危机干预者个人的建议则作为附加部分考虑。

（4）危险性：危险性评估包括对求助者自伤和伤人可能性的评估。危机干预工作者要认识到每一个危机当事人都存在这种可能性，均须进行评估，同时必须小心谨慎，能识破被当事人掩盖的真实问题。

3. 心理危机干预中的倾听技术

准确和良好的倾听技术是心理危机干预工作者必备的能力，有效的倾听应做到：①全部精力集中于当事人；②密切领会当事人言语和非言语的沟通信息；③把握当事人与危机干预工作者进行情感接触的状态；④用言语和非言语的方式表达对当事人的关注，建立并强化信任关系。

倾听的注意事项：

（1）贯注行为：适当的目光接触，积极的身体语言，如身体前倾、点头，适当的面部表情，促进当事人的自发谈话。

（2）沉默：适当给予沉默，没有言语行动，使当事人有冷静的时间来思考，同样也给了危机工作干预者思考的时间。

（3）陈述、复述与总结性澄清：危机干预提出要求危机工作干预者对现场进行控制，用第一人称陈述（断言式陈述）是非常直接而明确的。同时，如果当事人的诉说使干预者糊涂、不解时，干预者应向对方承认没有听明白他的意思，并加以澄清，进一步弄清双方的沟通被互相理解的程度。

在危机干预中，复述（restatement）和总结性澄清（summary clarification）是必不可少的，强调使用第一人称。对危机当事人而言，或者因为他们的思维受到震荡而不连贯，或者因为危机环境过于杂乱，总而言之，他们很难将思想表达清楚。对危机工作干预者而言，通过用自己的话将当事人所说的事情复述一遍，可以就当事人说的事情以及当事人的感受、思想、行为等与当事人达成共识。当当事人不着边际地沉湎于无论是情感的还是思想的幻想之中时，干预者也可以采用复述的方式打断当事人的幻想，并将他从幻想中拉回来。

（4）情感反应：给予支持、肯定、认可，或用证实当事人说出的情感的陈述句，增进情感协调，让当事人有更强烈的感受，认清和管理自己的情绪。

4. 心理危机干预中的沟通技术

1）开放式提问

常使危机干预工作者感到束手无策的是危机当事人的不配合，他们既不回答干预者的提问，又对干预者的帮助无动于衷。这种时候，如果向当事人提出的是一些开放式的问题，我们就可以从当事人那里获得更多、更有意义的反应。开放式提问常以"什么"（what）或"如何"（how）的句式来进行，或者是询问更明确、更具体的问题。例如，①请求当事人的叙述："请跟我说说""谈谈是什么情况""请告诉我"等。②聚焦计划问题："你打算怎么办呢？""这样会如何帮助于你呢？""怎么去实现呢？"等。③避免提问"为什么"的问题：虽然这样的提问可能会激发当事人说出更多的事情，但同样也可能会引起他对自我行为的防御，将问题进行合理化解释，或是将问题归咎于别的人或事。

开放式提问有利于促使当事人对事情进行更全面的描述，并触及更深层的意义。这里需要切记的是，开放式提问的目的是要引导当事人说出他们的感受、想法及行为等。

2）封闭式提问

封闭式提问的目的是要从当事人那里获得具体的细节性的信息。封闭式问题的设计要能够引导当事人说出具体的行为信息，并且是能用"是"或"否"回答的。封闭式提问常以"是不是""会不会""能不能"等形式进行。与在长时程心理治疗中的情况不同，在危机干预中，封闭式提问主要是在危机干预的早期阶段使用，以获得一些具体的信息，从而干预者才能对正在发生的事情作出快速评估。例如，①探寻具体的细节："第一次发生自伤是什么行为？""自伤发生在什么时候""这是否意味着你要准备自杀？"等。②获得承诺："你愿意尝试这么做吗""你打算什么时候开始呢？"等。③避免否定式提问："你不认为这是错的吗？""你不觉得这样不妥吗？"等提问方式，其实都隐藏了一个肯定的陈诉："你的行为是不妥的"，都会让当事人感受被指责。

3）非言语沟通

非言语信息可以通过多种方式表达出来。身体的姿势、身体的运动、体态、面部的各种表情、说话的语调、眼睛的运动、四肢的运动以及身体的其他各种暗示等，都可以表达一定信息，危机工作干预者应该对所有这些细加观察。当事人可能会以各种身体的信息来表现不同的情绪，如愤怒、恐惧、迷惑不解、怀疑、拒绝、紧张、无助等。危机工作干预者还要特别注意当事人的非言语信息是否与言语信息一致。作为危机工作干预者，你的非言语信息也必须与你的言语信息一致。如果你的非言语信息与你的言语信息不一致，便不能对当事人有所帮助。

4）传达对当事人的真诚、共情、接纳

保持真诚就意味着要言行一致，意味着危机工作干预者不仅要对自己的自我感受、经验等有明确的自我意识，而且，在危机干预情境中，在需要的时候，他应该将自己的自我感受、经验等无保留、无条件地拿出来与危机当事人共享。真诚的基本要素：①不受角色的束缚；②自发性的行为；③不要有防御；④要言行一致；⑤与别人分享自我。例如，分享干预者的感受，明确的告知当事人："因为没有按照你认为应该的方式，所以你对我失望了。虽然鼓励你采取这些行动，并不是因为怜悯你，但是你真正需要的是自己来解决这个问题，需要我做的是帮助你找到适合自己的最好方案，这也正是我的职责。"

　　利用共情来帮助当事人有五种重要的技术：①专注；②以言语向当事人传递共情的理解；③以非言语的方式向当事人传递共情的理解；④适当沉默作为传递共情的理解的一种方式；⑤向当事人反馈自己的感受。例如：通过点头、眼神的接触、微笑、适度的严肃表情、开放的前倾姿态，"我感受到你一定很难受，我希望能对你有所帮助。你觉得从哪里开始谈谈好呢"，传达出专注、关心、投入，让当事人感受到干预者对自己的关注。

　　危机工作干预者以完全接纳危机当事人的态度与之发生互动，表现出对当事人的无条件积极关注，而不管危机当事人自身的品质、信念、问题、所处情境及其危机等是什么，真正做到对当事人的关心和尊重，而不管当事人的情况或状态如何，就更有可能得当事人的接受和尊重。危机干预中的接纳的实质就在于此。

　　5. 心理危机干预中的行动策略

　　1）认识个体差异

　　危机工作干预者一定要认识到，每一个危机当事人以及每一个危机情境都是个别而独特的，并按独特的方式对他们进行反应。即使是对那些经验丰富的危机工作干预者而言，要把握并适合每一个当事人的独特性也是很难的。勿以类化的方式来处理当事人的情况，虽然从较近的眼光来看是较为省事省心的，但从较远的眼光来看，必将花费干预者和当事人更多的时间和精力。刻板化、贴标签以及想当然地来理解危机干预的任何方面等，都是致命的陷阱。

　　2）干预者的自我评估

　　从危机工作干预者的角度来说，必须经常、不断地进行自我分析。在任何时候，危机工作干预者都应该对自己的价值观、不足、身心状态以及自己能否客观处理当事人及其危机等有明确的自我意识。不管是出于什么原因，只要危机工作干预者觉得自己不足以或不能对当事人及其危机进行干预，就必须立即考虑对当事人进行转诊处理。

3）确保当事人的安全

危机工作干预者的风格、选择、策略等必须始终贯穿着对危机当事人、其他相关人员及干预者自己的人身安全的考虑。以及咨询领域必须遵循的伦理的、法律的及职业的要求。假如在危机干预过程中，危机当事人离开了危机工作干预者或者说是逃离了干预现场，并在外面实施了自杀或杀人行为，那么一切干预策略和干预方案都将完全失去意义。危机干预领域的金科玉律就是："一旦对当事人的安全问题产生怀疑，就必须立即采取措施。"安全措施有时意味着进行适当的转诊处理，包括立即进行住院治疗。

4）为当事人提供支持

在危机干预中，干预者对当事人应该起到情感支持的作用。虽然在干预者的帮助下，当事人可能会列出若干潜在的支持人员，但是假如通过检查发现这些潜在的支持人员当下都不能对当事人有所帮助，危机工作干预者就要承担起作为当事人主要的情感支持人的责任，直到危机解决。

5）清晰地界定问题

对很多当事人的多个问题，危机工作干预者一定要注意，其中每一个问题都必须从实用的、问题解决的角度得到清晰的界定。危机当事人往往倾向于将他们的危机归因于别人或是已经发生的某些外部的事件或情境，若试图通过解决某些外部的事件来帮助当事人摆脱困境是不会奏效的。应明确指出当事人自己在相关事件或情境背景中的问题，并集中注意在核心问题。同时，应尽可能将当事人的危机所涉及的多元化问题化解为某个直接的、可操作的问题，并首先集中解决这个问题。面对某些高度情绪化又处处进行自我辩解的当事人时，危机工作干预者一定要坚守主题，不要因为他们的辩解而离开主题，并跟着当事人的思路去追究那些无关的问题。

6）考虑可供选择的变通策略

在很多问题情境中，危机工作干预者要采用开放式提问，以启发当事人尽可能多地想出不同的选择方案，然后再将自己想到的方案拿出来做补充，尽可能地以与当事人合作的方式罗列、分析并检验各种可供选择的方案。通常，当事人都能从过去经验中想出最好的解决方案，只是由于当事人突然陷入危机而不知所措，最好的选择方案只能是当事人真正接受的那些方案。一定要注意，不要将你的选择方案强加于当事人。罗列出来加以考虑的方案都应该是切实可行、可操作的方案。同时要注意，可供选择的方案的数量要适中，既不要太多，也不要太少。

7）制订行动步骤

在危机干预中，干预者既要帮助当事人拟定一个短期的行动计划，以有助于当事人摆脱当下的危机，也要帮助当事人拟定一个长期的行动计划，以有助于培育当事人永久性的应对机制。这个行动计划既包括当事人已有的应对机制，也包括环境中可利用的各种资源，还要包括干预者如何协助当事人执行行动计划，直到当事人能够独立地执行或完成该行动计划。调动当事人已有的应对机制主要是用来执行一些具体的、积极的、建设性的行动，当事人通过这些行动可以更好地重新获得对自己生活的自主控制。在干预工作的起步阶段，最好是使用那些需要身体活动的行动方案。所制订的行动计划应该是相对于当事人当下的情绪状态和环境条件切实可行的。关于当事人自主能力恢复过程中何时能独立地执行行动计划，有经验的危机工作干预者能敏锐地把握到。

8）充分利用当事人自己的应对力量

在危机干预中一定不要忽视当事人自己的力量及其应对机制。危机事件往往会使当事人暂时丧失其通常的力量和应对机制，如果这些力量和应对机制能够被重新激活，那么它们对于当事人克服危机并获得信心是极为有利的。

9）关注当事人当下最迫切的需要

危机工作干预者所关注和理解的是危机当事人当下最迫切的需要，这对于当事人克服危机是非常重要的。所以，如果当事人当下处于极度孤独的状态，干预者就应该设法安排某些当事人喜欢或接受的人来与他做伴。当事人的需要多种多样，他也许需要继续与危机工作干预者约见，或者可能需要被转诊给另一个危机工作干预者、另一种类型的咨询师或是另一种咨询机构，或者也有的当事人仅仅是需要有人听他倾诉自己的苦闷或衷肠。

10）利用转诊资源

危机干预的一个必要的方面就是对转诊资源的利用。所以，危机工作干预者应该常备一个通讯录，以记录其他危机工作干预者、其他咨询师、相关的人或机构以及他们的电话号码等，这样，在自己的当事人需要转诊时就可以随时与他们取得联系。许多当事人因为危机的特殊性质需要尽早地被转诊，以接受其他类型的相应的服务，如经济事务、社会福利事务、法律援助、长时程个体心理治疗、家庭治疗、物质滥用、重度抑郁以及其他个人事务等。

11）建立并使用工作关系网

对我们来说，建立工作关系网，就是与众多公共服务机构内的工作人员建立起个人关系，并在必要时利用这些关系，从而直接有助于我们更好、更有效地为当事人提供服务。

12）得到当事人的承诺

危机干预工作的一个核心方面是要从当事人那里获得承诺，保证执行所拟定的行动计划。如果当事人方不能明确而肯定地作出承诺，再好的行动计划恐怕也难以达到预期的目标。

二、常用心理危机干预的技术

1. 紧急事件应激晤谈技术

紧急事件应激晤谈技术（critical incident stress debriefing, CISD）是

一种有效的、简短的、结构性的干预技术，在创伤事件后立即进行，通过语言表达、交流、反应正常化、健康教育和对未来反应做好准备，来促进情绪健康。晤谈技术包括对重新感受创伤体验、鼓励情绪表达和促进认知加工。CISD的方针是防止或降低创伤性事件症状的激烈度和持久度，迅速使个体恢复常态。可以分为正式援助和非正式援助两种类型。非正式援助由受过训练的专业人员在现场进行急性应激干预，整个过程大约需1小时。而正式援助的干预则分7个阶段进行，通常在危机发生的24～48小时进行，一般需要2～3小时。根据不同阶段的特点采取不同的干预，其划分的阶段为：

（1）介绍阶段（introductory phase）：危机干预者和小组成员进行自我介绍，解释干预的目标、规则，仔细解释保密问题，强调这次干预不是心理治疗，而是有关心理和教育的讨论。

（2）事实阶段（fact phase）：当事人描述在这次危机事件中看到了什么，实施者问一些诸如"你负责做什么工作""谁最先到达事发地点的"等问题。

（3）认知阶段（thought phase）：鼓励当事人谈论他们在这些危机事件中的想法，这些事情对他们来说有什么个人意义。

（4）反应阶段（reaction phase）：这是整个干预过程中耗时最长、涉人最深的一个阶段，鼓励当事人直接、自由地说出他们的情绪反应，可以集中于剧烈的恐惧、否认等情绪。

（5）症状阶段（symptom phase）：这个阶段集中于灾难事件中和之后的应激症状，典型问题包括"到目前为止，你感觉怎么样？"等，这个阶段要评估当事人的症状是趋于好转还是逐渐恶化，这些症状可以是躯体的、认知的、情绪的或行为等方面的。

（6）教育阶段（teaching phase）：干预者提供有关应激反应的一般信息，并将这些反应正常化，可以给出一些应对应激反应和避免酒精滥用的建议。

（7）再登入阶段（re-entry）：干预者提供其他来源帮助的信息，

并对整个干预过程进行总结。

2. 眼动脱敏与再加工技术

眼动脱敏与再加工技术（eye movement desensitization and reprocessing，EMDR）是以暴露为基础的治疗技术，用于治疗因痛苦创伤性童年经验的痛苦情绪和帮助危机事件受害者的心理康复。通过接近受灾者的创伤性记忆并进行处理，在EMDR中，当求助者处于如内疚、羞愧、愤怒等创伤性回忆引起的负面情绪时，随着危机干预者的手指的移动，其眼睛跟随着快速移动，通过描述一种不相关的如信赖感、个人成就等正面认知，在危机干预者评价创伤记忆强度和正面认知信念的过程中，帮助受灾者脱敏痛苦情绪、重构相关认知、降低生理警觉性。

EMDR将人看作一个整体。在全过程中，EMDR都始终关注正在发生的情感和生理上的变化。步骤如下：

（1）历史采集与治疗计划（client history and treatment planning）：评估求助者适不适合EMDR（求助者自身的稳定性和当前生活压力）。如果求助者适合该疗法，咨询师会收集求助者的综合信息以制定治疗计划，包括非适应性行为，症状，需要处理的特征，具体的需要重新处理的目标记忆。

（2）准备阶段（preparation）：包括与求助者建立治疗同盟，解释EMDR的过程和效果，向求助者交代EMDR过程中或之后可能带来情绪上的干扰，解释求助者的疑问和顾虑，确保求助者有可以处理压力的放松技巧，指导求助者完成指定的想象训练，直到求助者能够用这种技巧消除一定压力带来的干扰。与求助者讨论继发获益（secondary gain）的议题，即如果这个问题被解决意味着需要放弃或面对些什么。

（3）评估（assessment）：一段记忆被选择，求助者将会被询问最能够代表这段记忆的图像，与此相关的不具适应性的自我评价，希望以后用来替代消极认知的积极认知，然后用认知效度评定量表（VOC）评估积极认知的可信度。然后用主观痛苦感觉单位量表（SUD）评估图像和消极的自我认知所带来的情感的干扰。求助者将会去辨别当集中注意力在该事件时身体被激发的感觉。

（4）脱敏（desensitization）：这一阶段将集中于求助者的目标记忆及消极情感，咨询师重复双侧注意力刺激，并伴随着适当的调整和关注点的改变，直到求助者的SUD值为0或1。这表明涉及目标事件的功能不良已被清除，然而这并不能说明再处理过程的完成，仍需进行下面的步骤。

（5）置入（installation）：这一阶段将专注于增强对于替换关于目标事件消极认知的积极认知的强度。伴随着双侧刺激，求助者会感觉到对于目标记忆的负面认知和情感变得越来越不清晰可信；与此相对，积极的想法，情感变得越来越清晰可信。

（6）身体扫描（body scan）：当前面的几个步骤完成，求助者会被要求带入选取的目标事件和被整合的积极认知从头到脚地扫描一遍全身，这时身体的感觉会作为目标伴随双侧注意力刺激。大部分情况下，紧张感会得到解除，但是在一些情况下其他未被处理障碍也会因此被发现并得到处理。

（7）收尾（closure）：在每一次见面的结束，确保求助者回到平静的状态。除此之外，提醒求助者可能面对干扰性画面、图像、想法和情绪，这些提示着进一步处理的需要，是好事情。求助者被指导记录消极的想法、情境、梦或其他记忆，并进行放松训练保持自身的稳定性。

（8）再评估（reevaluation）：这个将在每一次见面时进行，评估求助者获得的效果是否保持，是否有信息未被处理完全或是否有新的材料涌现。最后在家庭和社会系统中评估求助者的变化并讨论可能遇到的问题。

小结

在心理危机干预中，危机干预者们广泛采纳的是六步骤，即明确问题、确保当事人安全、提供支持、寻找可以利用的应对方案、制定计划和获得承诺。在进行危机干预时，评估贯穿整个环节，从危机的性质，当事人的功能水平、应对机制、支持系统和其他资源，以及危险性进行全面评估。同时注意倾听和沟通的技巧，倾听时贯注于当事人，作出必要的陈述、复述与澄清，可以是适当的沉默，还要给予恰当的情感反应，做到有效倾听。可采用开放式提问、封闭式提问、非言语的沟通等多种方式进行有效沟通，沟通时要表达对当事人的真诚，做到共情与接纳。

危机干预中的行动策略要点就是：干预者要识别个体差异，并做好自我评估。同时确保当事人安全，为当事人提供支持和清晰地界定问题，和当事人共同讨论可供选择的策略和制定行动步骤。在干预计划开始前，为了达到计划的预期目标，一定要获得当事人的承诺。在行动中，充分地让当事人发挥自己的应对力量，有助于当事人克服危机和重获信心，而且要关注当事人当下最迫切的需要，合理运用工作关系网并利用转诊资源。

本节介绍了心理危机干预常用技术：紧急事件应激晤谈技术和眼动脱敏与再加工技术。心理危机干预工作者可以根据危机当事人的特点、所处情境以及自己的专长选择合适的心理危机干预技术。

第八章
发育障碍相关的特殊问题

第一节　精神发育迟滞患儿的自伤行为

一、相关概念

精神发育迟滞是指个体在发育阶段（通常指在18岁以前）由于生物、心理、社会的各种不利因素致使精神发育受阻或不完全，临床上主要表现为显著智力低下及社会适应能力的损害。精神发育迟滞不是一种普通的疾病，是一种综合征。部分精神发育迟滞的患者伴有随意性精神症状、破坏性行为障碍或存在一些躯体疾病的症状和体征。破坏性行为障碍，是以侵略攻击性、不顺服、负性情绪等为临床特点的一组儿童行为障碍的总称。

精神发育迟滞患儿，因智能障碍自我保护能力受损，误伤自己的身体，或者在受刺激时作出自伤行为。其自伤行为主要表现为打自己头、抓脸、咬手臂、捏大腿、用头撞墙、乱咬硬物、拍打胸腹、用开水烫自己等。严重影响患者的学业、社会适应和人际交往，甚至危及患者及他人的生命和安全，在治疗过程中，极易导致医患纠纷。

二、相关病因

1. 与产伤和脑缺氧有关

婴儿在出生时为难产，并行产钳，致颅内出血，产伤和缺氧等都会对婴儿的大脑造成损伤。较轻的产伤和缺氧一般不遗留肯定的神经系统阳性体征，仅表现行为障碍。有人发现，行为障碍的严重程度不一定与脑缺氧的严重程度成正比。

2. 父母不正确的养育方式

一般认为，对孩子的教育既要关心，又要指出他（她）的缺点，鼓励他养成好的行为，切忌溺爱。从心理学方面看，对孩子过分的爱——溺爱、娇纵，可使孩子养成娇惯蛮横，放肆任性的不良个性。由于个性的不健全，又因父母的养育方法不妥，如责骂和体罚等，使患儿无意中产生自伤行为，起初并未引起父母的注意，此后渐形成习惯。最甚时每日拳击或撞击头面部达数百次，且自觉自伤后有一种快感，说明患儿对自伤行为已产生心理依赖。斯金纳很早指出，社会化过程中应以奖赏为主，尽量避免采用惩罚。当父母打骂孩子，他们行为的本身则是孩子效仿的榜样。惩罚的结果可从具体的泛化到更为一般的行为，更为严重的是可使孩子感到一无是处。因此，有一些儿童为了寻求他人的注意，或仅仅表示反抗而采取、自伤的消极行为。然而父母对儿童的教育，如能根据儿童的心理发育过程各年龄的特征，对于儿童的良好个性和行为形成将是有益的。

三、动机分析

1. 引起注意

针对精神发育迟滞儿童的研究表明，对于精神发育迟滞的儿童来说，他们可能高度需要成年人的注意，当患儿的某些需求无法满足时，他们可能采取这种极端的方式来表达自己的需要。

2. 身体上的疼痛

当患儿出现身体疼痛，例如胃痛、牙痛或者其他身体不适时，患儿无法用正常言语表达，则可能出现自伤的情况。

3. 社会心理压力

由于疾病因素，患儿在学校环境中有可能受到孤立或者歧视，甚至受欺负等。这些不良刺激会加重患儿的心理压力，加剧自伤行为的出现。

四、自伤的特点及伴随症状

1.刻板性与重复性

自伤行为往往具有重复性与刻板性，并且伴有疼痛。精神发育迟滞患者自伤多表现为以头撞墙、撞床，用拳头击打、咬自己、拔指甲、搔抓皮肤等。5%～17%的智力和发育障碍患儿会重复自伤行为，甚至非常频繁。收容患有严重智力发展障碍患儿的机构中，自伤行为的发病率可超过50%。自伤行为会对健康造成严重不利影响，包括组织损伤、局部感染和败血症等。Emerson等人收集了95名7年前被确诊为严重自伤的智力缺陷患者的信息。在随访中，71%的参与者仍然表现出严重的自伤行为，因此仍然是治疗的重点。头部撞击是持续自伤状态的最强预测因子。

2.伴随睡眠障碍

一项针对30名精神发育迟滞伴自伤患者的睡眠模式进行的研究表明，伴有自伤行为的个体比没有自伤的智力发育障碍的个体睡眠明显更少，睡眠模式更不稳定。在一些自伤动物模型中，长期使用多巴胺激动剂也会导致睡眠中断，尽管这些模型的这一特征没有得到特别的关注。Clements等人（1986）在一组患有严重智力障碍的儿童样本中发现，自残的存在与夜间苏醒显著相关，而与有限的睡眠时间无关，Wiggs和Stores（1996）记录了有发育障碍和睡眠问题的儿童比没有睡眠问题的儿童更难以管理行为问题（64%的自残儿童有睡眠问题）。

3.强迫性行为

相关研究表明，精神发育迟滞伴自伤的患者往往还会出现强迫行为，相关学者采用强迫假说对于这类患者出现的症状进行原因探讨，并证明了该类假说。

五、治疗与干预

精神发育迟滞一旦发生难以逆转，因此重在预防。监测遗传性疾病、做好围生期保健、避免围生期并发症、防止和尽早治疗中枢神经系统疾病是预防精神发育迟滞的重要措施。一些发达国家依据专门的法律，对所有新生儿实施一些常见遗传代谢性疾病的血液生化筛查，能尽早筛查精神发育迟滞，也为早期病因学治疗提供了的依据。对于病因明确者，若能及时采用病因治疗，可以阻止智能损害程度的进一步加重。精神发育迟滞的治疗原则是以教育和康复训练为主，辅以心理治疗，仅少数需要药物对伴随的精神症状进行对症治疗。

（一）教育和康复训练

由学校教师、家长、康复训练师和临床心理治疗师相互配合进行。教师和家长的任务是使患者能够掌握与其智力水平相当的文化知识、日常生活技能和社会适应技能。目前国内还缺乏专业康复训练师为精神发育迟滞患者提供服务。临床心理治疗师针对患者的异常情绪和行为采用相应的心理治疗，常用的方法是行为治疗。在对患者进行教育和康复训练时，要根据患者的智力水平因材施教。对各种程度的精神发育迟滞患者的教育和康复训练内容如下所述。

轻度精神发育迟滞患者一般能够接受小学低年级到中年级的文化教育，最好在普通小学接受教育，但如果患者不能适应普通小学的学习也可以到特殊教育学校就读。目前国内绝大多效城市已开设了特殊教育学校，或者在普通小学设立了特殊教育班。教师和家长在教育过程中应采用形象、生动、直观的方法，对同一内容反复强化。日常生活能力和社会适应能力的培养和训练包括辨认钱币、购物、打电话、到医院就诊、乘坐公共交通工具、基本的劳动技能、回避危险和处理紧急事件的方法等。当患者成长到少年期以后开始对他们进行职业训练，使其成年后具有独立生活、自食其力的能力。

对中度精神发育迟滞患者着重康复训练，主要内容是生活自理能力和社会适应能力。如洗漱、换衣，人际交往中的行为举止，正确表达自己的要求和愿望等内容，同时进行人际交流中需要的语言训练。

对重度精神发育迟滞患者的主要康复训练内容是患者与照料者之间的协调配合能力、简单生活能力和自卫能力。如进餐、如厕、简单语言交流以表达饥饱、冷暖、避免受外伤等。可采用将每一种技能分解成几个步骤，再逐步反复强化训练的方法。

（二）心理治疗

行为治疗能够使患者建立和巩固正常的行为模式，减少攻击行为或自伤行为。心理教育和家庭治疗使患者的父母了解疾病的相关知识，减轻焦虑情绪，有助于实施对患者的教育和康复训练。

（三）对症治疗

精神发育迟滞患者30%～60%伴有精神症状，导致接受教育和康复训练的困难。因此，可根据不同的精神症状选用相应药物治疗。若患者伴有精神运动性兴奋、攻击行为或自伤行为，可选用氟哌啶醇、奋乃静、利培酮等药物。药物的治疗剂量视患者的年龄和精神症状的严重程度而定。从小剂量开始用药，逐渐增加到有效剂量，当症状控制以后逐渐减量，直到停药。家庭成员应密切观察患儿用药后的反应。

精神发育迟滞患者，因智能障碍自我保护能力受损，误伤自己的身体，或者在受刺激时做出自伤行为。患者病情变化以及异常的言语和行为表现，及时采取有效的监管措施；加强危险物品的保管，防止发生自伤行为；加强治疗，监督服药，改善患者的情绪与睡眠；家庭成员之间应建立良好关系，培养患者的兴趣，增强患者战胜疾病的信心；更为重要的是保持与医生的密切联系，定期复诊，科学治疗原发疾病。

六、相关感悟与未来总结

精神发育迟滞是一种中枢神经系统发育成熟（18岁）以前，以智力低下和社会适应困难为主要临床特征的心理发育障碍。严重影响患者的学业、社会适应和人际交往，甚至危及患者及他人的生命和安全，在治疗过程中，极易导致医患纠纷，对于伴有自伤的患者来说，这种风险更高。

对自伤患者要专人看护，必要时采取保护性措施，约束带松紧适宜，定时放松，及时了解患者自伤的原因，有针对性地采取相应的干预措施，对危险程度高的患者要密切观察其病情变化，班班交接，保证治疗的有效性。通过改善病房设置，创造宽畅、舒适、安全、安静的休养环境，尽量避免大病室满员居住，避免伤害其他患者，有多个兴奋患者时要分开管理，以免相互影响。在照护上述儿童时，要转变观念，熟练掌握接触患者的技巧，尽量满足患者的合理要求，提高自我防护意识，加强沟通。

总之，精神发育迟滞伴行为障碍患者作为一个特殊的群体，其文化水平低，性格内向，自理能力差，自知力缺乏，情绪不稳定，安全隐患风险高。通过准确的评估，危险程度高的患者，及时发现患者危险征兆，同时加强与患者的沟通，及时解决患者的不适和要求，减轻其负性情绪，增加治疗的信心，进而减少医患纠纷的发生，以确保安全。

第二节　儿童孤独症的自伤行为

一、概述

儿童孤独症（ASD）是因脑功能障碍所致的发育障碍，又称孤独症或孤独性障碍，儿童期常见病症，发病原因尚不明确，基本临床特征表现为：社会交往障碍、言语发育障碍、兴趣范围狭窄和刻板重复的行为方式，具有高致残性。迄今尚无完全治愈的病例。近几年，ASD的发病形势在我国日益严重，越来越受人们重视。ASD患儿在长大成人后会表现出不能独立生活，社会适应能力不佳，给家庭和社会带来很大的负担。经临床观察发现，有相当一部分儿童孤独症伴有自伤行为。孤独症儿童出现自伤行为是一种极为不利的迹象，应引起高度注意。目前有关儿童孤独症自伤行为的文献资料报道较少。

NSSI行为一般是指不以自杀为目的的，直接的、故意的损伤自己的身体组织，而且是不被社会和文化所认可的行为。这种行为虽不致死，但极具危险性，它普遍存在于不同文化背景和经济水平的群体之中。然而孤独症儿童的自伤行为通常表现出一定的节律性和重复性的特点，行为的强度从轻微的无身体伤害到严重的甚至导致功能性病变或生命威胁的程度，这也是导致孤独症儿童住院的主要原因之一。孤独症儿童的自伤行为在一定程度上给个体、家庭和实践工作者造成了严重的负面影响，不仅危害儿童的健康，妨碍其正常的学习和社会交往，也会给他人带来一定的危险。

二、动机分析

儿童孤独症是全面发育障碍中的一类疾病。临床表现为社会技能、认知活动和交流能力发育的迟缓及发育的扭曲。危机当头时，患儿会寻求一种补偿外界刺激缺乏的自我操纵的刺激性行为来减轻难以忍受的紧张。因此说，孤独症儿童自伤行为是为了缓解难以忍受的紧张。当在语言上和社交上有严重缺陷的患儿不能与周围互通信息时，自伤行为可能是用来引起人们注意的一种信号。

三、自伤行为的表现与功能

1. 孤独症儿童自伤行为的表现

从现有的案例报告及相关研究来看，孤独症儿童自伤行为的表现具有多样性，常提到的形式包括：撞头、用拳或物体击打头部、脸部或身体部位、咬手、拉扯头发、拧掐自己、抓皮肤及朝硬的物体上撞击等。Duerden等人对18个月至21岁孤独症儿童的自伤行为进行了大样本调查研究，发现250个被试者中"用身体部位击打自己"者占34%，"用物体击打自己"者占30%，"咬自己"者占26%，"抓伤皮肤"者占25%，"拽头发"者占19%，"撞头"或"用手指抠皮肤"者各占18%，其中约64.9%的儿童至少存在一种形式的自伤行为。但也有研究提到有些自伤行为虽然较为少见，但仍会在孤独症儿童中出现，如吃塑料玩具或小块金属、用指尖按压皮肤及用力掏耳朵等。前者属于吃异物的行为，考虑到会对儿童身体造成潜在性的伤害，因此一些研究者也把它归为自伤行为。如Falcomata等人对一名12岁孤独儿童的研究中认为孤独症儿童吃石头、小块塑料或金属的异食癖行为是自伤行为的一种形式。

2. 孤独症儿童自伤行为的功能

在功能评估中，行为的功能通常是从正强化、负强化和自动化强化功能这三个角度进行探讨，那么孤独症儿童自伤行为按照现在的研究来看，这三类功能都是存在的。其中正强化功能是指行为为个体带来了积极的强化物，如他人的关注、得到喜爱的物品或食物等；负强化功能是指行为导致厌恶性的刺激停止、减少或延缓出现，而这类功能的孤独症儿童自伤行为多表现为逃避学业任务或不喜欢的活动；自动化强化功能是指行为可以产生或调节某种感觉刺激，例如获取某种刺激或调整刺激带来的身体不适，但自伤行为功能在不同智力及年龄的孤独症儿童中表现出一定的差异。

四、生物学基础

目前在有关自伤行为的动物学模型和人类研中发现，在自伤行为的神经化学改变中关系最密切的是5-HT系统，5-HT和多巴胺系统能相互影响。遗憾的是由于自伤行为表现多样，至今尚无任何一个模式能令人满意地解释所有临床现象和生化改变，亦无任何一种药物能全面治疗儿童孤独症及其自伤行为，因此仍需细致深入的研究。

五、相关因素分析

1. 智力障碍

从目前的研究来看，孤独症儿童自伤行为的表现和严重程度在智力方面存在一定的差异。其中撞头、咬手、用拳击打脸颊或头部等多报告于重度智障孤独症儿童，且行为发生的频率和严重程度相对较高，而拉扯头发、抓皮肤的行为在该类儿童中则不太常见。

相比而言，轻度智碍或高功能孤独症儿童的自伤行为则以用手掐掐面部或身体部位、拉扯头发或抓皮肤等居多。一些重度智障孤独症儿童自伤行为研究发现他们的自伤行为多以逃避任务和自动强化功能为主；而轻度智障较之重度智障孤独症儿童，更倾向表现出获取关注或实物的正强化功能，这在重度智障孤独症的自伤行为案例报告中较为少见。重度智障孤独症儿童猛力击打手部或脸部行为主要是为了获取感官刺激，而高功能孤独症儿童抓皮肤行为更多的是为了获取教师的关注。

2.年龄

不同年龄孤独症儿童自伤行为的表现和严重程度也存在一些差异。针对学前孤独症儿童自伤行为的一些研究，这些案例中的儿童倾向表现出轻微程度的自伤行为。而在一些学龄孤独症儿童自伤行为案例中，多表现为用身体部位击打自己、咬自己等。学龄孤独症儿童与学龄前孤独症儿童的自伤行为功能也存在一些差异。相比学龄儿童，学前孤独症儿童自伤行为则更多地表现出获取照料者关注或期望实物的正强化功能。

3.癫痫

自伤患儿中伴发癫痫的较非自伤患儿多，这提示自伤行为与伴发癫痫有关，卡马西平可减少自伤行为。有痉挛发作者多伴有精神发育迟滞，孤独症患者伴有痉挛发作者为42%，均有严重精神发育迟滞。推测癫痫发作可引起脑功能损害，加重言语障碍及智能障碍，出现自伤行为。因此预防和治疗癫痫，对减少自伤行为可能有积极的意义。

4.母孕期损害

自伤患儿的母孕期损害及生产不利因素均明显多于非自伤患儿。母孕期损害包括：先兆流产、母孕期感染、单纯疱疹、风疹病毒感染、妊娠高血压疾病、长期精神压抑、宫内窒息等。生产时损害包括：产程延长、难产、早产、脐带绕颈、缺氧窒息等。孤独症儿童在围产期有较高的合并症发生率，他们在围产期不是处于良好状态。因此，做好围产期保健，提高产科质量，对预防孤独症及其自伤行为的发生具有积极意义。

六、行为干预

1.基于逃避功能的自伤行为干预

在逃避功能维持的孤独症儿童自伤行为研究中，如Braithwaite、Sigafoos及Devlin等，这些案例中的自伤行为干预倾向于采用前奏事件和后果事件策略，比如调整任务的难度、提供休息时间、强化良好的行为等，逐渐增加儿童参与任务的可能性并降低逃避行为。虽然较多的干预措施是从改变自伤行为的逃避功能的角度出发，但不同智力及年龄的孤独症儿童，自伤行为干预所考虑的角度和采取的方式也有一定差异。重度智障孤独症儿童逃避功能的自伤行为干预，更多是从如何恰当地表达逃避的想法这一角度进行考虑，通过教授儿童采用图片或手势的方式表达意愿、关注儿童良好的行为及忽视自伤行为等措施减少自伤行为；而轻度智障孤独症儿童与之则不同，一般更多考虑的是如何改变行为的逃避功能，鼓励儿童采用言语形式获取帮助完成任务。若学龄期孤独症儿童的自伤行为功能为逃避功能，干预者多采用简化分解任务，逐级提高要求和提供休息的方式来增加儿童参与任务的能力；而对学前孤独症儿童，较多的研究者认为他们是可以出现逃避行为，但强调要采用恰当的方式表达意愿，并注重对教学环境进行调整。

2.基于关注或实物功能的自伤行为干预

不管是学龄还是学前孤独症儿童，针对关注或实物功能维持的自伤行为，很多研究者认为，应该允许儿童获取他人的关注或实物，因此，干预倾向于采用功能性沟通技能训练和延迟满足的策略来培养儿童用恰当的行为获取关注。不过，针对不同智力的孤独症儿童，具体采用何种恰当的沟通方式上会有所不同，这与其实际能力有一定关联。其中，对于轻度智障孤独症儿童，更多的是鼓励儿童采用言语或自我监控的方式获取实物或关注，而对于重度智障孤独症儿童则有所调整，允许他们采用指点图片或手势表达意愿。比如Braithwaite和Tiger对轻度智障孤独症儿童自伤行为的干预，则是教授儿童采用言语的形式表达"我想要"来获取物品和自我监控记录自己的自伤行为；而另一项对重度智障孤独症儿童的干预则是要求其将食物卡片放在治疗师手上的方式来表达想要食物。

3.基于自动化强化功能的自伤行为干预

自动化强化功能是孤独症儿童自伤行为的主要功能之一，从相关的报告来看，研究者较为常用的是前奏事件和良好行为的训练策略，比如控制或改变引发行为的特殊刺激、提供相应的替代性刺激及培养儿童恰当的游戏互动技能等方式，且全面综合的干预在这些研究中越来越受到重视。如Ferrerl等人对孤独症儿童吃塑料玩具的行为进行了干预，通过在儿童喜欢的玩具上蘸上其厌恶的木薯布丁和培养恰当的游戏技能方式来减少自伤行为。

在孤独症儿童自动强化功能维持的自伤行为研究中仍可以看到，不同智力儿童其所采取的干预也存在一定差异。对于轻度智障孤独症儿童，一些研究者尝试采用自我监控的方式来减少儿童的自伤行为，并对表现出的良好行为进行自我强化；而对重度智障孤独症儿童，主要考虑其整体智力发展水平及行为所造成的危害，一般是直接介入药物治疗。

七、反思与建议

1.有关孤独症谱系障碍儿童自伤行为功能研究的反思

对孤独症儿童自伤行为表现和功能的研究为深入探究行为的功能意义及针对性的干预提供了参照和指导。从现有研究来看，孤独症儿童自伤行为的表现、功能与其年龄和智力水平存在一定的关系。学前孤独症儿童相比学龄儿童的自伤行为从表现上来看程度较轻，从功能的角度来讲更多的是为了寻求关注或得到实物，而学龄期孤独症儿童的自伤行为常常与逃避任务有关联；从智力发展水平角度来看，相比重度智障孤独症儿童，轻度智障孤独症儿童更倾向于表现出轻微程度的自伤行为，多以获取关注或实物的正强化功能为主，而重度智障孤独症儿童的自伤行为则以逃避任务或自动化强化的功能居多。

虽然当前的研究显示出不同年龄和智力水平孤独症儿童自伤行为的表现及功能存在一定的差异，但关于这方面的研究仍存在如下几点不足：第一，选取的被试在年龄、智力水平及障碍程度等方面异质性较大，这不仅对准确把握孤独症儿童自伤行为的功能特点提出了挑战，也使研究结论存在一些分歧和争议；第二，现有研究更倾向于对自伤行为功能本身的评估鉴定，对行为功能与其年龄、智力水平等因素间的关系并未进行深入的研究，也较少对同一年龄阶段不同能力水平孤独症儿童自伤行为功能进行横向比较研究；第三，目前研究多集中于对学龄阶段孤独症儿童自伤行为逃避功能的研究，数量仍旧相对较少且缺乏大样本的调查，因此还需进一步地研究和论证，尤其是大样本跨年龄范围的纵向比较研究，以期发现孤独症儿童自伤行为功能的变化发展特点。另外值得注意的是，学龄期孤独症儿童的自伤行为表现相对较为严重，且以逃避的功能为主，这样的情况是否说明当前家长及教育工作者所提供的教育或干预并没有很好地适应他们的需求，以致在学龄期他们以一种更加激烈的形式来表达自己的需求，这一问题也值得我们进一步地研究和思考。

2. 有关孤独症谱系障碍儿童自伤行为干预实践的建议

（1）基于功能的角度

孤独症儿童自伤行为的干预应以社会沟通技能的训练为核心，不管是轻度还是重度智障孤独症儿童，学龄前孤独症儿童还是学龄孤独症儿童，虽然他们的自伤行为的功能存在差异，但都是通过这一形式来表达其某种需求，即具有沟通的功能。因此，自伤行为背后所反映的实质性问题是孤独症儿童社会沟通技能的缺陷，也就是说，他们无法采用恰当的沟通方式来表达自己的需求。从当前孤独症儿童自伤行为的干预研究来看，不管自伤行为是何种功能，基于行为功能的干预措施除了要进行环境的调整之外，发展儿童恰当行为的重要内容是儿童沟通技能的训练。而且，对于孤独症儿童来说，学前阶段沟通技能的提高并不意味着到了学龄期也会自动改善，此方面的训练内容应根据孤独症儿童的年龄及需求进行不断的调整和发展。

（2）孤独症儿童自伤行为的干预应采用多元素的积极行为支持模式

对孤独症儿童的自伤行为进行干预，除了以社会沟通技能的训练为重心发展他们恰当的沟通行为之外，越来越强调采用多元素的积极行为支持方案，即基于行为功能的"包裹式"干预策略。根据当前的研究，不管是针对哪一种功能，自伤行为的干预方案通常都包括以社会沟通技能为核心开展良好行为训练、通过任务难度和趣味性的调整提高儿童参与度、提供休息时间增加他们的容忍度等来进行环境的调整，以及通过控制或改变引发行为的特殊刺激、提供替代性刺激来减少儿童的自伤行为，促进其良好沟通行为。上述措施从孤独症儿童角度主要强调其社会沟通技能的训练，从其所处环境则强调要提供适应其需求的环境。但不管采用何种具体的干预策略，在积极行为支持的理念下，必须始终要抓住行为的功能及与之相关的环境因素，从行为的功能出发，制定出一个全面系统的"干预包裹"（intervention package）策略。

第三节　注意/缺陷多动障碍的自伤行为

一、相关概念

注意/缺陷多动障碍（attention deficit hyperactivity disorder，ADHD）由乔治·斯蒂尔（George Still）医生于1902年在书中提及。他在日常生活中发现有些儿童无法阻止自己的行为，关于自己动作的控制存在困难，情绪频繁起伏不定，很难遵守当前的规则或者保持安静状态。《精神障碍诊断与统计手册》（The Diagnosticand Statistical Manual，DSM）首先对这一病症做出了规范描述，并把其叫作"儿童过度活跃反应障碍"，这是一种影响儿童和青少年，并可以持续到成年的注意缺陷障碍，属于最常见的一种儿童精神障碍诊断疾病。DSM-4将ADHD分为了三个亚型：①ADHD-I：这类儿童的问题主要在于注意力障碍，通常不伴有多动行为，主要表现为懒惰、迷茫、做事缺乏动力，会出现较多的焦虑、抑郁情绪，在学业方面存在问题但日常行为没有明显问题；②ADHD-HI：这类儿童的问题主要在于冲动和多动，常见于日常行为出现过度活跃，在学业方面不存在问题，其中出现品行障碍和对立违抗性障碍的可能较多；③ADHD-C：这类儿童是以上两种的混合型，是最常见的类型，其在学业和日常行为方面都存在问题，存在对立违抗障碍和品行障碍，产生焦虑、抑郁情绪的情况也相对较多，有严重的社会功能损害。其中，ADHD-HI的儿童被认为在认知方面受到的损伤是最轻的。

ADHD儿童通常表现出过度活跃，无法控制自己的冲动，对一件事情难以集中注意力，很容易分散，这些特点对他们的学校和家庭生活有很大影响。这种情况通常发作于发育期儿童的早期到中期，具体表现为一个孩子开始有集中注意力方面的问题。国际疾病分类第十一次修订本（ICD-11）中也将ADHD定义为一种持续的注意力不集中和/或过度活跃的行为模式。注意力不集中指的是对于那些不能提供高水平的刺激或频繁的奖励、注意力分散和组织问题的任务难以保持注意力。多动是指过度的运动活动和难以保持静止，在需要行为自我控制的有组织的情况下最为明显。冲动是一种对直接刺激做出反应的倾向，没有深思熟虑或虑风险和后果。目前 ADHD 在国际上最新的患病率为7.2%，成为最常见的神经发育障碍。

二、发病机制

冲动性包括反应抑制的失败，以及尽管可能产生负面后果，但仍然追求快速刺激并且出现无法控制对的反应。反应抑制是冲动的行为例子和ADHD的基本特征，被定义为：①抑制持续反应的能力；②保持其他行为的表现；③忽略干扰信息。与正常发育中的儿童相比，患有ADHD的儿童在反应抑制任务上的表现一直更差，因此，反应抑制是ADHD的一个核心缺陷，它可能是自伤的一个重要危险因素。事实上，冲动性和不良的反应抑制都与自伤风险相关。

三、临床表现

既往研究表明，ADHD患者可能出现脾气倔强，行为动作不协调，注意力不集中，遇困难就想放弃，只做自己喜欢的、简单的事情等。语言的听说功能很好。由于智力原因，语言内容局限在较小范围内。自伤行为表现为地上打滚，以头撞墙、撞床、抓自己的手等。ADHD患者往往还伴有攻击行为，表现为口中常出现污言秽语，向人吐口水，拉扯他人衣服等。

四、治疗与干预

1.药物治疗

（1）中枢兴奋剂：在ADHD患者中，使用哌醋甲酯等中枢兴奋剂治疗可减少冲动性和攻击性行为。哌醋甲酯通过再摄取抑制这两种神经递质来增加多巴胺和去甲肾上腺素的活性。增加了纹状体和皮质区域的儿茶酚胺可用性。这可能会改善执行功能、情绪反应性、对奖励过程的调节和风险决策。因此减少患者自伤行为。

（2）抗抑郁剂：传统的三环类抗抑郁剂有丙米嗪、地昔帕明、阿米替林、去甲替林。它们都有类似的药理机制，通过促进神经细胞间隙去甲肾上腺素的释放并阻止它的再回收而达到治疗作用。

（3）抗精神病药：5%的患儿应用中枢兴奋剂效果不佳，应用氟哌啶醇、硫必利（泰必利）等药物可获得疗效，对于多数患儿由于其疗效差、不良反应大而不作为首选。

2. 家庭辅导

1）帮助家长正确认识ADHD

ADHD儿童自伤问题常常与家庭环境有关，所以，家长应该了解ADHD儿童的特点，对于儿童的要求必须切合实际。提要求不应过于苛求，要循序渐进。父母要尽力为儿童提供良好的家庭环境，创建支持型的家庭氛围。①对儿童进行正面引导：满足儿童的活动需求，对他们过多的精力要给予宣泄的机会；②逐步培养儿童静坐集中注意力的习惯，可以从看图书、听故事做起，逐渐延长其集中注意力的时间，如果儿童在集中注意力方面有所进步，应及时表扬、鼓励，以利于强化，但要求切合实际，不应苛求过分安静；③培养儿童合理的有规律的生活习惯，要按时饮食起居，有充足的睡眠时间，在儿童吃饭、做作业时要控制环境，不要主动去分散他们的注意，以培养儿童一心不二用的好习惯；④培养儿童的自尊心和自信心，消除他们所存在的紧张心理，帮助他们提高自控能力。鼓励为主，要有正确的态度关心爱护儿童，理解他们不正当的行为是属于一种症状，只要有轻微的进步，都要给予表扬与鼓励。

2）共同制定方案提高辅导针对性

根据家庭治疗的理论，家庭辅导应制定综合的、多方位的干预计划，作为家长家庭辅导可以从以下几方面作考虑。①环境营造：营造良好家庭氛围。家长应当为儿童们创造一个自由宽松的学习、生活环境，让儿童在家有适度的放松。②行为训练：帮助儿童建立一些良好行为，消除不良行为，要先矫正容易纠正的行为，再逐步深入到较难矫正的行为，然后再根据疗效巩固的情况，逐步增加需要矫正的行为，但每次增加的内容不可太多太复杂，以免分心，并注意及时肯定成绩，表扬鼓励，并给予一定奖赏，以利于正强化。

3）学习运用多种训练方法

（1）行为训练：阳性强化法，其目的是通过奖赏、鼓励等方式使某种行为得以持续，在应用阳性强化法前要确定希望儿童改变什么行为（确定靶行为）及确定这种行为的直接后果是什么；设计新的行为结果取代原来的行为结果；同时对儿童出现适宜的行为时，立即给予阳性强化，或者通过塑造培养和增加某种新的行为，例如当儿童完成规定行为时，就予以奖励，持之以恒，以促进儿童注意力的发展。可与自我控制法一起应用，指导儿童用自我监督、自我强化等方法学会控制自己的行为。处罚法：为了减少或消除儿童的某些不良行为而采取处罚措施。一般可采用暂时隔离法，使他明白不良行为，从而消除不良行为，但处罚不宜采取恐吓、打骂等粗暴方式，以免造成儿童的逆反心理。消退法：消退法是一种减少或消除儿童不良行为发生的方法。治疗前首先要了解何种因素对不良行为起了强化作用，找到强化因素后，对其进行消退。

（2）游戏法：游戏本身就能引起儿童的注意，儿童对游戏都是很专注的，通过游戏训练儿童的注意力，尤其是专门训练注意力的游戏，运用好了一定会有很好的效果。实验证明儿童对游戏是感兴趣的，他们在游戏中都能很专注，这无形中提高了儿童的注意力。

（3）故事法：听故事也是儿童非常喜欢的一种形式，家长可以根据自己孩子的情况，选择有针对性的故事，有助于提高儿童对注意力重要性的认识。

（4）竞赛法：竞赛能调动儿童的积极性，特别包括专注的积极性。有时只要一提到比赛，儿童都瞪大眼睛，一副认真专注劲，生怕自己一个没注意输了。ADHD儿童许多活动量较大，家长可以适时地让儿童释放能量，体育类的竞赛再好不过了，赛跑、赛车、球赛等，在儿童释放能量的同时，注意力的持久性也得到潜移默化的提高。

（5）交替学习法：人们在做体力活的时候，往往会两手交替，这样可以减轻疲劳，指坚持较长时间的工作，大脑也是如此，由于大脑存在较明确的分工，一部分区域累了，换另一部分区域工作，这样交替也就是适时变换学习内容和训练内容，就会产生新鲜感，注意力也就会保持长些。学习时，背默结合，文理交错，听说结合等方式，家长也可以一起参与进去。

（6）自我调节法：教儿童自我调节情绪的方法，要给儿童一个相对安静的环境，当然当外界难免有些干扰时，或许时间较长时，就要儿童提醒自己要自我调节情绪或者一些自我暗示："我不能分心，要专心"等，这样的暗示语可以贴在儿童房间里显眼的地方，或者是一些学习用具上。

（7）自我控制训练：这一训练的主要任务是通过一些简单、固定的自我命令让儿童学会自我行为控制。这一方法还可以用来控制冲动、自伤等行为。

（8）放松训练：用这一方法来治疗儿童的多动行为是近年来的一

种新尝试，效果颇佳。由于多动症儿童的身体各部位总是长时间处于紧张状态，如果能让他们的肌肉放松下来，多动现象就会有所好转。

五、未来展望

ADHD是发生于儿童期的神经精神疾病，主要表现为多动、冲动和注意力缺陷等症状，这些症状会对个体的认知和行为功能产生持续性影响。多动症是从幼年开始，有少数患者可持续到成年，其中以学龄期儿童的相关症状最为突出，根据大量调查显示学龄期儿童5%～10%患有ADHD，其中因ADHD学习困难的占65%～80%。患有ADHD的儿童和成人有可能表现出不良的社会行为，并且某些症状会伴随患者的一生。

ADHD患者不仅可能伤害他人，由于反应抑制与冲动引起的不良社会适应和同伴关系，导致ADHD患者出现自伤行为，可能威胁患者自身与他人的人身安全，因此，凡有自杀、自伤企图的患者应控制在重点病室，以保证患者安全。工作人员要坚守岗位，加强巡视，密切观察病情，患者离开病室，如去厕所、外出活动等，要有护士陪伴，并详细记录，严格交接班。护士应向探视患者的家属交待注意事项，避免发生意外。认真执行给药制度，严防藏药，并注意患者心理和病情变化。严格执行安全制度，对危险物品及时清理。加强基础护理，安排患者有规律生活和休息，保证足够入量，定时测量体重。密切观察患者睡眠情况，对于入睡困难或早醒者要设法诱导入睡。做好心理护理，要耐心听取患者叙述，安慰、解释并鼓励患者树立战胜疾病的信心。

第九章
非自杀性自伤的伦理、法律、法规相关问题

第一节　非自杀性自伤涉及的法律、法规和伦理守则

　　伦理是指在处理人与人、人与社会相互关系时应遵循的道理和准则。在心理咨询、心理治疗、医疗和其他助人工作时，伦理是专业领域内基本行为规范，旨在保证和提升专业服务的水准，保障寻求专业服务者和专业人员自身的权益。法律是由国家制定或认可并以国家强制力保证实施的规范体系，规定了公民在社会生活中可进行的事务和不可进行的事务。在对NSSI进行治疗时，需要遵守各项法律、法规和伦理守则。

　　目前，我国现行的法律体系和专业相关伦理守则中，涉及NSSI的主要法律、法规和伦理守则主要包括：《中华人民共和国精神卫生法》《中华人民共和国未成年人保护法》《关于建立侵害未成年人案件强制报告制度的意见（试行）》《中国心理学会临床与咨询心理学工作伦理守则（第二版）》，以及《心理援助热线伦理规范实施细则（二稿）》《网络心理咨询伦理规范实施细则》《中华人民共和国执业医师法》等。其中《中国心理学会临床与咨询心理学工作伦理守则（第二

版）》对心理咨询和治疗的相关问题阐述最为全面。

一、《中国心理学会临床与咨询心理学工作伦理守则（第二版）》

《中国心理学会临床与咨询心理学工作伦理守则（第二版）》由中国心理学会授权临床心理学注册工作委员会在《中国心理学会临床与咨询心理学工作伦理守则（第一版）》（2007）基础上修订，于2018年公开发布，以下简称为《伦理守则》。《伦理守则》作为规范临床与咨询心理学注册心理师的专业伦理，以及处理有关临床工作与咨询心理学伦理投诉的基本准则和主要依据。《伦理守则》内容包括：专业关系、知情同意、隐私权与保密性、专业胜任力与专业责任、心理测量与评估、教学培训与督导、研究与发表、远程专业工作（网络/电话咨询）、媒体沟通与合作、伦理问题处理，共10个方面，其中几乎所有的议题都与NSSI咨询和治疗工作相关。

二、《中华人民共和国精神卫生法》

《中华人民共和国精神卫生法》由中华人民共和国第十一届全国人民代表大会常务委员会第二十九次会议于2012年10月26日通过，自2013年5月1日起施行。该法案对心理健康促进和精神障碍预防、精神障碍的诊断和治疗、精神障碍的康复等作出相关的法律规定，心理工作者需要按照法律规定对NSSI患者实施诊断、治疗和康复。法案对实施精神疾病诊断和治疗的人员、机构作出明确的规定。同时，对精神疾病患者，包括非自愿住院患者的民事和刑事责任能力，和家属应承担的相应监护责任进行相关规定。

三、《中华人民共和国未成年人保护法》

《中华人民共和国未成年人保护法》于2020年修订，并于2021年6

月1日起施行。修订后的未成年人保护法分为总则、家庭保护、学校保护、社会保护、网络保护、政府保护、司法保护、法律责任和附则，共九章132条。该法明确规定学校应当根据未成年学生身心发展特点，进行社会生活指导、心理健康辅导、青春期教育和生命教育，明确家庭、学校、社会在未成年的身心健康中应承担的角色和责任，并对校园欺凌、性侵害、性骚扰等报告和处理作出明确规定。

四、《关于建立侵害未成年人案件强制报告制度的意见（试行）》

《关于建立侵害未成年人案件强制报告制度的意见（试行）》于2020年5月发布，主要包括性侵、怀孕流产、欺凌、虐待等九个项目的未成人伤害行为相关制度的意见，对主体、受理人员及程序作出相应的规定，其中第四条第五项规定：未成年人因自杀、自残、工伤、中毒、被人麻醉、殴打等非正常原因导致伤残、死亡情形的属于强制报告的范畴。

五、其他

《心理援助热线伦理规范实施细则（二稿）》《网络心理咨询伦理规范实施细则》《中华人民共和国执业医师法》。

第二节　非自杀性自伤伦理相关的专业关系问题

一、多重关系问题

《伦理守则》规定：心理师要清楚了解多重关系（例如与寻求专业服务者发展家庭、社交、经济、商业或其他密切的个人关系）对专业判断可能造成的不利影响及损害寻求专业服务者福祉的潜在危险，尽可能避免与寻求专业服务者发生多重关系。在多重关系不可避免时，应采取专业措施预防可能的不利影响，例如签署知情同意书、告知多重关系可能的风险、寻求专业督导、做好相关记录，以确保多重关系不会影响自己的专业判断，并且不会对寻求专业服务者造成危害。

青少年的NSSI多发生在学校期间，中学心理老师可能是青少年NSSI处理的第一人。因此，学校心理咨询师需要明确自己的双重身份可能带来的影响，在作为学校老师角色和作为学校心理咨询师是角色中寻找恰当的处理方式。学校心理老师可能无法避免对学校、班主任、辅导员、家长或其他相关人员告知青少年的NSSI行为，但心理老师在信息披露过程中应做到知情同意，并减少因信息披露对于青少年造成的伤害。一般以最小限度披露为原则，即在最小的知情人范围内告知最必要的信息，并告知相关人员保护青少年隐私的必要性和披露信息可能带来的不良后果。

二、与心理健康服务领域同行服务的问题

《伦理守则》规定：心理师与心理健康服务领域同行（包括精神科医师/护士、社会工作者等）的交流和合作会影响对寻求专业服务者的服务质量，心理师应与相关同行建立积极的工作关系和沟通渠道，以保障寻求专业服务者的福祉。

研究显示，有NSSI的青少年可能合并抑郁症、双相情感障碍、焦虑症等精神心理疾病，特别抑郁症是NSSI的主要危险因素之一。心理师在接诊NSSI的青少年时，需要对此保持警惕，评估青少年是否具有其他精神心理疾病的可能，并与精神科医生合作，及时获得明确的诊断，确定是否有药物或其他治疗的必要性。

三、转介问题

《伦理守则》规定：心理师认为自己的专业能力不能胜任为寻求

专业服务者提供专业服务，或不适合与后者维持专业关系时，应与督导或同行讨论后，向寻求专业服务者明确说明，并本着负责的态度将其转介给合适的专业人士或机构，同时书面记录转介情况。

另外《伦理守则》规定：心理师不得随意中断心理咨询与治疗工作。即便心理师认为自己不具备胜任力，应当在对来访者进行充分说明并取得理解的情况下进行转介，避免因随意终止带给来访者伤害。

四、非自愿治疗的问题

《中华人民共和国精神卫生法》规定：精神障碍的住院治疗实行自愿原则。已经发生伤害自身的行为，或者有伤害自身危险的患者，经其监护人同意，医疗机构应当对患者实施住院治疗；监护人不同意的，医疗机构不得对患者实施住院治疗。监护人应当对在家居住的患者做好看护管理。

《中华人民共和国民法典》规定：八周岁以上的未成年人为限制民事行为能力人，实施民事法律行为由其法定代理人代理或者经其法定代理人同意、追认；可以独立实施纯获利益的民事法律行为或者与其年龄、智力相适应的民事法律行为。特殊情况：十六周岁以上的未成年人，以自己的劳动收入为主要生活来源的，视为完全民事行为能力人。

基于以上法律规定，医疗机构人员在对青少年NSSI行为进行处置时，需要根据情况考虑"非自愿治疗"的合法性和必要性。例如，对于严重具有伤害性的NSSI行为时，在征得监护人的同意下可能采取类似于"保护性约束""封闭病区"等非自愿治疗措施。对于限制民事行为能力人，患者的治疗权属于民事行为，应尽量取得青少年和监护人的一致同意。如有分歧，应尽量在家庭内部协商一致。如果仍有分歧，医疗机构应在考虑患者年龄、病情等情况下从专业角度给出治疗建议。

五、隐私权和保密性

1.知情同意书的签署和保密例外的相关规定

《伦理守则》规定：心理师应确保寻求专业服务者了解双方共同的权利、责任，明确介绍收费设置，告知寻求专业服务者享有的保密权利、保密例外情况以及保密界限。

对青少年而言，不仅需要将知情同意的内容告知青少年本人并获得其同意，也应告知青少年的监护人并同时获得监护人的同意。除了治疗的设置，对治疗的方案和进展在做到保护青少年隐私的前提下，应与青少年商议，根据实际情况酌情告知监护人。其中NSSI属于自我伤害行为，心理师应在尽量征得青少年同意的情况下告知监护人。如果青少年坚持拒绝告知监护人，心理师应遵从保密例外原则，告知青少年该情况属于保密例外，必须告知相关人员。

对于保密例外的情况，应在第一次接诊前告知青少年及其监护人，除自我伤害之外，青少年伤害强制报告的相关法律规定应一并告知。

2.未成年强制报告和未成年人监护人的权利

《关于建立侵害未成年人案件强制报告制度的意见（试行）》对涉及青少年伤害的9类事件进行了明确规定，涉及这类伤害性事件属于保密例外的情况。医疗机构、学校和社区工作人员在得知相应信息后需要根据法律规定如实上报公安机关。一般来说，NSSI不属于强制报告的范畴，大部分NSSI的伤害相对轻微，不会达到伤残和死亡的情况。但部分情况下，具有NSSI行为的青少年同时还具有自杀观念和行为，在这样的情况下，如果该行为的伤害程度达到致残或致命的程度，根据《关于建立侵害未成年人案件强制报告制度的意见（试行）》应属于强制报告范畴。

六、专业胜任力和专业责任

1.特殊人群和特殊疾病的胜任力

接诊NSSI的心理咨询师必须对自己胜任力做出评估，在不能胜任时需要及时将青少年转介给相应人员。一些重要的评估标准包括：①《中华人民共和国精神卫生法》规定，仅心理治疗师有权在医疗机构对精神疾病患者提供心理治疗服务。该规定意味着，如果青少年诊断为抑郁症、双相情感障碍等疾病，心理咨询师或学校心理老师没有提供心理治疗的权利，如果强行接诊，属于违法行为。②心理咨询师是否有NSSI或者青少年心理咨询的相关培训和经验，如果缺乏相关培训，咨询师应考虑转介，如果有培训但缺乏相关经验，应该寻找具有胜任力的督导师，接受对个案的持续督导。

2.危机干预中的专业胜任力

在某些情况下，青少年可获取的专业资源可能是有限的，当青少年本身处于危机情况下，可以借鉴美国精神学会对于紧急服务的相关规定。在紧急情况下，当来访者无法立即获得其他心理卫生服务时，虽然心理学工作者之前未接受过必要的培训，但是为了确保来访者能及时得到帮助，因此仍应提供紧急服务，而不能加以拒绝。紧急情况一结束或是一旦有人能够提供适当的服务，这种服务就要立刻终止。

七、远程专业工作

随着网络信息化的发展，中国心理学会在最新版的《伦理守则》中加入了远程专业工作的相关规定。远程咨询通常包括网络/电话咨询两种，亦有心理咨询师采用面对面咨询和远程咨询相结合的方式开展工作。远程咨询既可以解决我国目前心理咨询和心理治疗资源集中在大城市、分布不均的问题，又可以帮助来访者节约时间成本。特别对于青少年咨询来说，远程网络咨询时间相对灵活，青少年能够在接受咨询和治疗的同时尽量维持学业。但是远程咨询与传统面对面的心理咨询相比，对咨询师提出了更多的伦理要求。

《伦理守则》中规定心理师通过网络/电话与寻求专业服务者互动并提供专业服务时，须确认寻求专业服务者真实身份及联系信息，应全程验证真实身份，确保对方是与自己达成协议的对象。同时，心理师需确认双方具体地理位置和紧急联系人信息，以确保后者在出现危机状况时可有效采取保护措施。

1.知情同意

对于具有NSSI行为的青少年来说，心理师采用远程咨询应特别注意安全性和适用性。心理师需要了解青少年的真实身份及联系信息，确认接受心理服务青少年的具体地理位置和紧急联系人信息。开展心理工作前与青少年的监护人取得联络，获得青少年监护人的知情同意，并在恰当的时间下与青少年的监护人沟通咨询和治疗的必要内容。如果青少年具有较大的自杀风险，应再次评估远程工作的适用性，必要时及时转介或转面对面咨询。

在青少年NSSI的远程咨询中，除了知情同意的对象需要增加监护人之外，在知情同意内容方面，还需要让寻求专业服务者了解并同意下列信息：①远程服务所在的地理位置、时差和联系信息；②远程专业工作的益处、局限和潜在风险；③发生技术故障的可能性及处理方案；④无法联系到心理师时的应急程序。

2.局限性

心理师有必要让青少年及其监护人充分了解远程心理服务工作的局限性。例如：空间的局限性、保密的局限性和咨询效果的局限性。空间的局限性指青少年在接受咨询时是否具有独立不受打扰的空间，环境的不安全性和潜在的侵入性将会导致青少年在咨询中有所保留，不能真诚与心理师开展工作，从而影响咨询的进程。保密的局限性指电子记录以及其在远程服务过程中通过网络传输时是否保密。除告知相关的局限性之外，心理师还应采取合理预防措施（例如设置用户开机密码、网站密码、咨询记录文档密码等）以保证信息传递和保存过程中的安全性。咨询效果的局限性指缺乏面对面咨询的设置和仪式感，屏幕和电话的沟通会损失部分非语言信息，不符合人们沟通交流的习惯。

八、其他伦理问题

1.媒体沟通和合作

为了增进青少年的健康，心理师可能参与一定的心理健康科普工作，承担社会责任。心理师通过（电台、电视、报纸、网络等）公众媒体和自媒体从事专业活动，或以专业身份开展（讲座、演示、访谈、问答等）心理服务时，心理师及其所在机构应与媒体充分沟通，确认合作方了解心理咨询与治疗的专业性质与专业伦理，包括：①保护青少年的隐私；②明确信息披露可能对青少年带来的影响；③获得青少年及监护人的同意；④保护青少年不受伤害。在访谈问答等节目中，应尊重事实、实事求是，基于专业文献和实践发表言论，避免伤害寻求专业服务者和误导大众。

2.心理测量和评估

心理测量与评估是咨询与治疗工作的组成部分，心理师应恰当使用测量与评估工具。由于NSSI与青少年情绪障碍的共病关系，虽然很多具有NSSI行为的青少年需要采用NSSI评定量表、抑郁情绪量表、焦虑情绪量表、自杀风险量表和人格评估量表等相关心理测评工具对青少年进行评估，但是不得滥用心理测评。无论选择怎样的评估工具，心理师需要在评估之前接受相关培训并具备适当专业知识和技能。根据测量目的与对象，心理师应采用自己熟悉且信效度高的测量工具。在测量或评估后，心理师对结果给予准确、客观的解释，避免青少年和监护人的误解。与此同时，心理师应注意避免对心理测评的结果的故意夸大或缩小，也不能将心理测评结果作为唯一的诊断依据。另外，未经寻求专业服务者授权，心理师不得向非专业人员或机构泄露其测验和评估的内容与结果，但应根据实际情况将测评结果恰当告知青少年监护人，特别是与NSSI相关的自杀风险测评结果。

参考文献

［1］Alexander, L. A. The Functions of Self-injury and Its Link to Traumatic Events in College Students[M]. [s.n.],1999.

［2］American Psychiatric Association. Diagnostic and Statistical Manual of Mental Disorders[M]. 第 5 版 . Washington, DC: American Psychiatric Association, 2013.

［3］Bandel S L，Brausch A M.Poor sleep associates with recent nonsuicidal self-injury engagement in adolescents[J]. Behav Sleep Med, 2020, 18(1): 81–90.

［4］Batejan K L, Jarvi S M, Swenson L P. Sexual orientation and non-suicidal self-injury: a meta-analytic review[J]. Arch Suicide Res, 2015, 19(2):131.

［5］Deborah L.Cabaniss, Sabrina Cherry. 心理动力学疗法 [M]. 徐玥，译 . 北京 : 中国轻工业出版社 , 2019.

［6］Demers L A, Schreiner M W, Hunt R H, et al. Alexithymia is associated with neural reactivity to masked emotional faces in adolescents who self-harm[J]. J Affect Disord, 2019, 249:253–261.

［7］EvaSzigethy, JohnR W, RobertL F. 儿童与青少年认知行为治疗 [M]. 王建平，王珊珊，谢秋媛，等，译 . 北京 : 中国轻工业出版社 , 2018.

［8］Fox K R, Millner A J, Mukerji C E, et al. Examining the role of sex in self-injurious thoughts and behaviors[J]. Clin Psychol Rev, 2018, 66:3.

［9］Gratz K L. Measurement of Deliberate Self-Harm: Preliminary Data on the Deliberate Self-Harm Inventory[J]. Journal of Psychopathology & Behavioral Assessmen, 2001, 23(4): 253–263.

［10］Greener M. Beneath the surface：dermatology and psychiatry[J]. Prog Neurol Psychiatry, 2014,18:16-18.

［11］Judith S.Beck. 认知疗法基础与应用 [M]. 王建平，译 . 北京：中国轻工业出版社 , 2015.

［12］Kim J S, Kang E, Bahk Y C, et al. Exploratory Analysis of Behavioral Impulsivity, Pro-inflammatory Cytokines, and Resting-State Frontal EEG Activity Associated With Non-suicidal Self-Injury in Patients With Mood Disorder[J]. Frontiers in Psychiatry, 2020, 11:124.

［13］Kottler. 治疗型心理咨询入门 : 来自行业的声音 [M]. 张敏，译 . 北京：高等教育出版社 , 2010.

［14］Kumar G, Pepe D, Steer R A. Adolescent psychiatric inpatients' self-reported reasons for cutting themselves[J]. J Nerv Ment Dis, 2004, 192(12): 830-836.

［15］Lefaucheur J P, Andre-Obadia N, Antal A, et al. Evidence-based guidelines on the therapeutic use of repetitive transcranial magnetic stimulation (rTMS)[J]. Clin Neurophysiol. 2014 Nov;125(11):2150-2206.

［16］Leong C H, Wu A M S, Poon M M. Measurement of Perceived Functions of Non-Suicidal Self-Injury for Chinese Adolescents[J]. Archives of Suicide Research, 2014, 18(2): 193－212.

［17］Libal G, Plener P L, Ludolph A G, et al. Ziprasidone as a weightneutral alternative in the treatment of self-injurious behavior in adolescent females[J]. Child Adolescent Psychopharmacol News, 2005, 10(4):1-6.

［18］Liu R T, Trout Z M, Hernandez E M, et al. A behavioral and cognitive neuroscience perspective on impulsivity, suicide, and non-suicidal self-injury: Meta-analysis and recommendations for future research[J]. Neurosci Biobehav Rev, 2017 Dec, 83:440-450.

［19］Markowitz J C, Weissman M. Interpersonal psychotherapy: principles and applications. World Psychiatry, 2004, 3(3): 136 ~ 139.

［20］Mina E, Gallop R, Links P, et al. The Self-Injury Questionnaire: evaluation of the psychometric properties in a clinical population[J]. Journal of Psychiatric & Mental Health Nursing, 2010, 13(2):221-227.

［21］Muehlenkamp J J, Cowles M L, Gutierrez P M. Validity of the Self-Harm Behavior Questionnaire with Diverse Adolescents[J]. J Psychopathol Behav Assess, 2010, 32(2): 236-245.

［22］Myer R A, Conte C. Assessment for crisis intervention[J]. J Clin Psychol, 2010, 62(8):959–970.

［23］Nock M K, Banaji M R. Assessment of Self–Injurious Thoughts Using a Behavioral Test[J]. American Journal of Psychiatry, 2007, 164(5):820–823.

［24］Richard K. James, Burl E. Gillilang. 危机干预策略 [M]. 高申春 , 译 . 北京 : 高等教育出版社 , 2009.

［25］Rootes–Murdy K, Carlucci M, Tibbs M, et al. Non–suicidal self–injury and electroconvulsive therapy: Outcomes in adolescent and young adult populations[J]. J Affect Disord, 2019 May, 250:94–98.

［26］Schroeder S R, Oster–Granite M L, Berkson G, et al. Self–injurious behavior gene–brain–behavior relationships[J]. Mental retardation and developmental disabilities research reviews, 2001, 7(1): 3–12.

［27］Selby E A, Bender T W, Gordon K H, et al. Non–suicidal self–injury (NSSI) disorder: a preliminary study[J]. Personal Disord, 2012 Apr, 3(2):167–175.

［28］Taliaferro L A, Muehlenkamp J J. Nonsuicidal Self–Injury and Suicidality Among Sexual Minority Youth: Risk Factors and Protective Connectedness Factors[J]. Acad Pediatr, 2017, 17:715.

［29］Taylor J J, Borckardt J J, George M S. Endogenous opioids mediate left dorsolateral prefrontal cortex rTMS–induced analgesia[J]. Pain, 2012,153(6):1219–1225.

［30］Washburn J J, Juzwin K R, Styer D M, et al. Measuring the urge to self–injure: Preliminary data from a clinical sample[J]. Psychiatry Res, 2010, 178(3): 540–544.

［31］Wilkinson P, Kelvin R, Roberts C, et al. Clinical and psychosocial predictors of suicide attempts and nonsuicidal self–injury in the Adolescent Depression Antidepressants and Psychotherapy Trial (ADAPT) [J]. Am J Psychiatry, 2011 May, 168(5):495–501.

［32］Zetterqvist M, Perini I, Mayo LM, et al. Nonsuicidal Self–Injury Disorder in Adolescents: Clinical Utility of the Diagnosis Using the Clinical Assessment of Nonsuicidal Self–Injury Disorder Index[J]. Front Psychiatry, 2020, 11:8.

［33］Zetterqvist, Dahlstrm, Lundh, et al. Prevalence and Function of Non–Suicidal Self–Injury (NSSI) in a Community Sample of Adolescents, Using Suggested *DSM–5* Criteria for a Potential NSSI Disorder[J]. Journal of Abnormal Child

Psychology, 2013, 41(5): 759–773.

[34] Zlotnick C, Shea T, Recupero P. Trauma, dissociation, impulsivity, and self-mutilation among substance abuse patients[J]. American journal of orthopsychiatry, 1997, 67(4):p.650–654.

[35] Zlotnick C, Wolfsdorf B A, Johnson B, et al. Impaired self-regulation and suicidal behavior among adolescent and young adult psychiatric inpatients[J]. Archives of Suicide Research, 2003, 7(2):149‐157.

[36] 安妮·费舍尔. 青少年家庭治疗：发展与叙事的方法 [M]. 姚玉红，魏珊丽，等，译. 上海：华东师范大学出版社，2017.

[37] 冯玉. 青少年自我伤害行为与个体情绪因素和家庭环境因素的关系 [D]. 武汉：华中师范大学,2008.

[38] 韩阿珠，徐耿，苏普玉. 中国大陆中学生非自杀性自伤流行特征的 Meta 分析 [J]. 中国学校卫生，2017,38(11)：1665–1670.

[39] 郝伟，陆林. 精神病学 [M]. 8 版. 北京：人民卫生出版社，2020.

[40] 黄颖，覃青，林琳，等. 青少年重度抑郁患者自伤行为及危险因素研究 [J]. 医学与哲学，2020, 41(8):43–46.

[41] 季建林，徐俊冕. 人际心理治疗 [J]. 中国心理卫生杂志，1991, 5(6): 276–278.

[42] 贾骏，雷千乐，江琴. 青少年非自杀性自伤评估与治疗方法 [J]. 医学与哲学，2020, 652(17):48–52.

[43] 江开达. 精神病学 [M]. 2 版. 北京：人民卫生出版社, 2011.

[44] 李建明，晏丽娟. 国外心理危机干预研究 [J]. 中国健康心理学杂志，2011, 19(2):244–247.

[45] 林琳，杨亚楠，杨洋，等. 大学生人际关系对自伤行为的影响：负性情绪的中介作用 [J]. 黑龙江高教研究，2020 (9):146–150.

[46] 刘婉.《青少年非自杀性自伤行为问卷》的编制及其信效度评价 [D]. 合肥：安徽医科大学, 2017.

[47] 卢玉佳. ISAS 量表在中学生中的修订及初步应用 [D]. 武汉：华中师范大学, 2019.

[48] 米勒，布罗克. 中小学生自伤问题识别、评估和治疗 [M]. 北京：中国轻工业出版社, 2012.

[49] 欧文·亚隆. 团体心理理论与实践 [M]. 北京：中国轻工业出版社, 2010.

[50] 秦红文. 儿童行为与精神障碍 [M]. 长沙：湖南科学技术出版社, 2002.

［51］冉杭林，赖顺凯，严舒雅，等．青少年非自杀性自伤行为相关脑功能机制影像学研究进展 [J]. 中国神经精神疾病杂志，2021, 47(3): 186–189.

［52］沈渔邨．精神病学 [M]. 5 版．北京：人民卫生出版社，2009.

［53］宋京瑶，王皋茂，李振阳，等．阿立哌唑联合舍曲林治疗青少年非自杀性自伤共病焦虑抑郁的临床效果 [J]. 中国当代医药，2021, 28(22):89–92.

［54］孙宏伟．心理危机干预 [M]. 北京：人民卫生出版社，2018.

［55］孙立双，韦小满．以功能性行为评估为基础的自闭症儿童自伤行为个案研究 [J]. 中国特殊教育，2011, (12):62–67, 50.

［56］唐杰．培养青少年情绪管理能力预防自我伤害行为 [J]. 中国学校卫生，2019, 40(7):964–967–976.

［57］王玉龙，袁燕，张家鑫．消极情绪与留守青少年自伤：家庭功能与情绪表达的调节作用 [J]. 中国临床心理学杂志，2017, 25(1):75–78,81.

［58］维吉尼业·萨提业．新家庭如何塑造人 [M]. 易春丽，叶冬梅，等，译．北京：世界图书出版公司北京公司，2018.

［59］喻承甫，邓玉婷，李美金，等．非自杀性自伤的认知神经与遗传学机制 [J]. 华南师范大学学报（社会科学版），2021, (2): 137–145.

［60］张芳，程文红，肖泽萍，等．渥太华自我伤害调查表中文版信效度研究 [J]. 上海交通大学学报（医学版），2015, 35(3):460–464.

［61］张芳，程文红，肖泽萍．青少年非自杀性自伤行为研究现状 [J]. 中华精神科杂志，2014(5):4.

［62］张海燕．高校医教结合心理健康服务工作的探索：以上海高校为例 [J]. 思想理论教育，2016(1): 90–93.

［63］张建萍．焦点解决短程治疗应用于社区产后抑郁的优势研究 [J]. 心理月刊，2020, (14):26–27.

［64］郑莺．武汉市中学生自我伤害行为流行学调查及其功能模型 [D]. 武汉：华中师范大学，2006.

［65］中共中央国务院．"健康中国 2030"规划纲要 [EB/OL].[2016–10–25] .http://www.gov.cn/zhengce/2016–10/25/content_5124174.htm

［66］中国健康教育中心．2017 年中国居民健康素养监测结果发布（图解）[EB/OL].[2018–09–30].https://www.nihe.org.cn/portal/zyzx/xxxx/xmyyt/webinfo/2018/10/1542082291058014.htm.